Vorwort

Liebe Schülerin, lieber Schüler,

dieses handliche Buch bietet Ihnen einen systematischen **Leitfaden** zu allen Lehrplaninhalten, die Sie im Chemie-Abitur in Nordrhein-Westfalen benötigen. Durch seinen klar strukturierten Aufbau eignet sich der Band besonders zur Auffrischung und Wiederholung des Prüfungsstoffs kurz vor dem Abitur bzw. als Ergänzung während der intensiven Vorbereitung auf die Prüfung.

- Zu Beginn jedes Kapitels finden Sie für das Stoffgebiet wichtige **Schlagsätze**.
- Passgenaue **Beispiele** sind durch eine Glühbirne gekennzeichnet und veranschaulichen die Theorie.
- Wichtige **Regeln, Tipps** und **Berechnungsformeln** sind in einem grauen Kasten aufgeführt.
- Nur für den **Leistungskurs** relevante Inhalte sind durch eine Linie am linken Seitenrand gekennzeichnet.
- Anschauliche **Übersichten** fassen ausgewählte Themen grafisch oder tabellarisch zusammen.
- Das **Stichwortverzeichnis** führt schnell und treffsicher zum gesuchten Lernstoff.

Viel Erfolg bei der Abiturprüfung!

Dr. Jean Marc Orth

Thomas Gerl   Christoph Maulbetsch

Ausführliche Erläuterungen sowie viele Übungsaufgaben finden Sie in unseren Abitur-Trainingsbänden mit Lernvideos:

- **Abitur-Training Chemie 1** (Bestell-Nr. 947418V)
- **Abitur-Training Chemie 2** (Bestell-Nr. 947428V)

Die offiziellen Prüfungsaufgaben der letzten Jahre mit Lösungen und vielen nützlichen Hinweisen zu Ablauf und Anforderungen des Zentralabiturs enthält der Band **Abiturprüfung Chemie Nordrhein-Westfalen** (Bestell-Nr. 55731).

Abitur Skript

Chemie

Gymnasium · Gesamtschule

NRW

STARK

www.stark-verlag.de
1. Auflage 2019

Inhalt

Organische Verbindungen und Reaktionswege

Werkstoffe

Farbstoffe

Autoren: Dr. Jean Marc Orth, Thomas Gerl, Christoph Maulbetsch

Das Chemische Gleichgewicht

Schon gewusst?

❶ Im chemischen Gleichgewicht ist die momentane Reaktionsgeschwindigkeit der Hinreaktion genauso groß wie die der Rückreaktion.

❷ Mithilfe des Massenwirkungsgesetzes lassen sich Gleichgewichtskonzentrationen berechnen.

1 Grundlagen

Gleichgewichtsreaktionen werden mithilfe eines **Gleichgewichtspfeils** dargestellt:

$$\text{aA} + \text{bB} + \ldots \underset{\text{Rückreaktion}}{\overset{\text{Hinreaktion}}{\rightleftharpoons}} \text{mM} + \text{nN} + \ldots$$

Bei reversiblen, d. h. umkehrbaren, chemischen Reaktionen stellt sich nach einiger Zeit (Einstellzeit) ein **dynamischer Gleichgewichtszustand** ein.

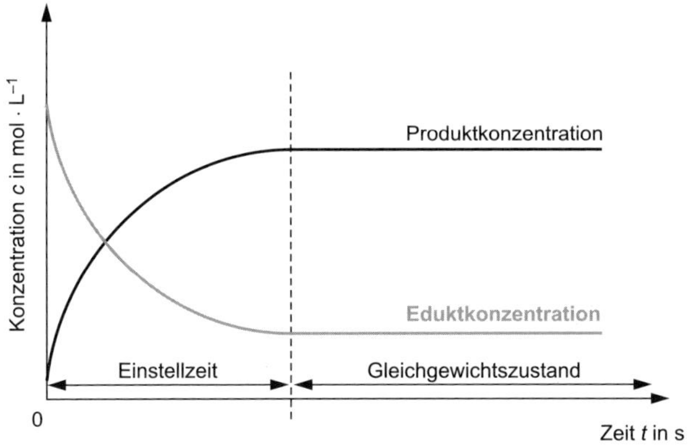

Das bedeutet, dass die Reaktionsgeschwindigkeiten der Hin- und Rückreaktion gleich groß sind. Bei fortlaufendem Stoffumsatz ist dabei von außen keine Änderung der Stoffmengenkonzentrationen mehr feststellbar. Pro Zeiteinheit entspricht (unter Berücksichtigung der stöchiometrischen Koeffizienten) der Stoffumsatz der Edukte der Hinreaktion dem Stoffumsatz der Produkte der Rückreaktion, sodass im Gleichgewichtszustand die Stoffmengenkonzentrationen von Edukten und Produkten **konstant** sind. Das heißt allerdings nicht, dass die Konzentrationen einander gleich sind, sondern nur, dass sich das Verhältnis der Konzentrationen aller am Gleichgewicht beteiligten Stoffe nach außen nicht verändert.

2 Das Massenwirkungsgesetz

Im Gleichgewichtszustand sind die Reaktionsgeschwindigkeit der Hinreaktion v_{hin} und der Rückreaktion $v_{\text{rück}}$ identisch:

$v_{\text{hin}} = v_{\text{rück}}$

Mit $v_{\text{hin}} = k_{\text{hin}} \cdot c^{\text{a}}(\text{A}) \cdot c^{\text{b}}(\text{B}) \cdot \ldots$ und

$v_{\text{rück}} = k_{\text{rück}} \cdot c^{\text{m}}(\text{M}) \cdot c^{\text{n}}(\text{N}) \cdot \ldots$ folgt:

$$\frac{k_{\text{hin}}}{k_{\text{rück}}} = \frac{c^{\text{m}}(\text{M}) \cdot c^{\text{n}}(\text{N}) \cdot \ldots}{c^{\text{a}}(\text{A}) \cdot c^{\text{b}}(\text{B}) \cdot \ldots} = K_{\text{c}} \quad \text{(Massenwirkungsgesetz)}$$

Das Massenwirkungsgesetz (MWG) stellt einen mathematischen Zusammenhang zwischen den im Gleichgewicht vorliegenden Stoffmengenkonzentrationen c_{eq} (von *equilibrium*, engl.: Gleichgewicht) der an einer Gleichgewichtsreaktion beteiligten Stoffe dar. **Die Gleichgewichtskonstante K_c** gibt Aufschluss über die Lage des Gleichgewichtes:

$K_c < 1$	$K_c > 1$
Das Gleichgewicht liegt auf der Seite der Edukte.	Das Gleichgewicht liegt auf der Seite der Produkte.

Ester-Gleichgewicht:

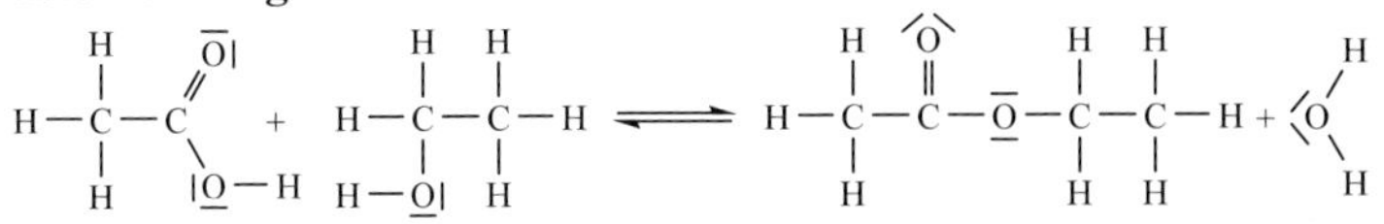

Ethansäure (HAc) | Ethanol (EtOH) | Ethansäureethylester (Ester) | Wasser

Für die Reaktion von Ethanol mit Ethansäure zu Ethansäureethylester beträgt die Gleichgewichtskonstante über einen weiten Temperaturbereich (Raumtemperatur bis 80 °C) $K_c \approx 4$.

Unter der Annahme, dass sich das Volumen des Reaktionsgemischs während der Reaktion nicht verändert, kann die Stoffmengenkonzentration c durch die Stoffmenge n in der Berechnung ersetzt werden. Ausgehend von den Stoffmengen n_0 zu Beginn der Reaktion ($t = 0$) sollen die Stoffmengen im chemischen Gleichgewicht ($t \rightarrow \infty$) berechnet werden.

$t = 0$	n_0 (HAc) in mol	n_0 (EtOH) in mol	n_0 (Ester) in mol	n_0 (Wasser) in mol
	0,1	0,1	0	0

Aus der Reaktionsgleichung ist Folgendes entnehmbar **(Stoffmengenbilanzierung):**

- Die umgesetzten Stoffmengen an Ethanol und Essigsäure sind gleich groß.
- Die umgesetzten Stoffmengen entsprechen den Stoffmengen an Ester bzw. Wasser, die durch die Reaktion entstanden sind.

Daraus folgt:

n_{eq} (Ester) $= n_{eq}$ (Wasser)

n_{eq} (EtOH) $= n_{eq}$ (HAc) $= n_0$ (EtOH) $- n_{eq}$ (Ester)

Setzt man die gesuchte Gleichgewichtsstoffmenge n_{eq}(Ester) = x, so ergibt sich für alle beteiligten Stoffe:

$t \rightarrow \infty$, GG	n_{eq} (HAc) in mol	n_{eq} (EtOH) in mol	n_{eq} (Ester) in mol	n_{eq} (Wasser) in mol
	0,1 − x	0,1 − x	x	x

Das Massenwirkungsgesetz ergibt für die genannte Gleichgewichtsreaktion:

$$K_c = \frac{n_{eq}\,(\text{Ester}) \cdot n_{eq}\,(\text{Wasser})}{n_{eq}\,(\text{HAc}) \cdot n_{eq}\,(\text{EtOH})} = 4$$

oder

$$K_c = \frac{x \cdot x}{(0{,}1 - x) \cdot (0{,}1 - x)} = 4$$

Diese quadratische Gleichung wird gelöst nach:

$$4 = \frac{x^2}{(0{,}1 - x)^2} \quad \Leftrightarrow \quad 3x^2 - 0{,}8x + 0{,}04 = 0$$

$$x_{1,2} = \frac{-b \pm \sqrt{b^2 - 4ac}}{2a}$$

$$x_{1,2} = \frac{0{,}8 \pm \sqrt{0{,}64 - 0{,}48}}{6} = \frac{0{,}8 \pm 0{,}4}{6}$$

$$x_1 = 0{,}2; \quad x_2 = 0{,}0\overline{6}$$

$x_1 = 0{,}2$ scheidet als sinnvolle Lösung aus, da die Stoffmengen den Wert $n = 0{,}1$ mol **nicht überschreiten** können.

Für die Stoffmengen der an der Gleichgewichtsreaktion beteiligten Stoffe ergeben sich im Gleichgewicht aus der Berechnung also folgende Ergebnisse:

$t \to \infty$, **GG**	n_{eq} **(HAc) in mol**	n_{eq} **(EtOH) in mol**	n_{eq} **(Ester) in mol**	n_{eq} **(Wasser) in mol**
	$0{,}0\overline{3}$	$0{,}0\overline{3}$	$0{,}0\overline{6}$	$0{,}0\overline{6}$

3 Störung des Chemischen Gleichgewichts

Werden die äußeren Reaktionsbedingungen verändert, so wird die Lage des Chemischen Gleichgewichts nach dem **Prinzip des kleinsten Zwangs** von HENRY LE CHATELIER beeinflusst.

Wortlaut: Ein System im chemischen Gleichgewicht reagiert auf Veränderungen der Reaktionsbedingungen so, dass das System dem jeweiligen äußeren Zwang ausweicht.

Die Lage des Gleichgewichts verschiebt sich wie folgt:

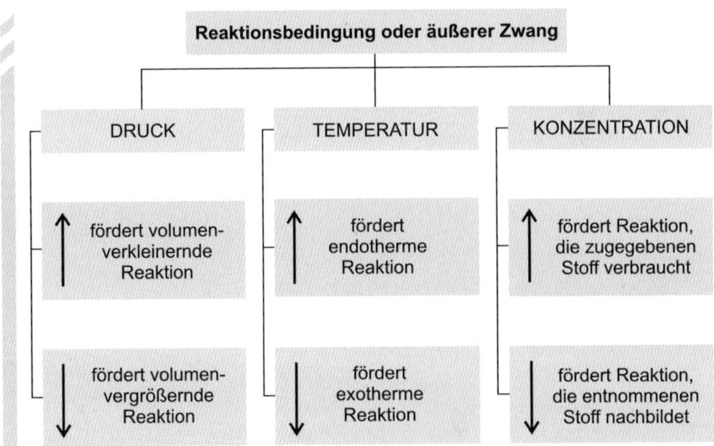

Die Beeinflussung der Gleichgewichtslage spielt eine große Rolle für **industrielle Prozesse**. Das Ziel ist, die Konzentration des gewünschten Produkts und damit auch den ökonomischen Gewinn möglichst hoch zu halten.

Säuren, Basen & Analytische Verfahren

Schon gewusst?

❶ BRÖNSTED definiert Säuren als Protonendonatoren und Basen als Protonenakzeptoren.

❷ Der pH-Wert ist ein Maß für die Stoffmengenkonzentration der Oxonium-Ionen in einer Lösung.

❸ Die Säure- bzw. Basenkonstante K_S bzw. K_B sind ein Maß für die Stärke einer Säure bzw. Base.

❹ Mit der (Ausgangs-)Konzentration der Säure und dem pK_S-Wert lässt sich der pH-Wert ihrer wässrigen Lösung berechnen.

❺ Titrationskurven stellen ein wichtiges Werkzeug zur Unterscheidung schwacher und starker Säuren bzw. Basen dar.

❻ Die unterschiedliche Beweglichkeit der Ionen in wässrigen Lösungen wird beim konduktometrischen Analyseverfahren genutzt.

1 Säure-Base-Theorie nach BRÖNSTED

BRÖNSTED definiert in seiner Säure-Base-Theorie Teilchen, die in der Lage sind, Protonen abzugeben, als Säuren **(Protonendonatoren),** und Teilchen, die in der Lage sind Protonen aufzunehmen, als Basen **(Protonenakzeptoren)**. Die Protonen-Übertragungsreaktionen zwischen solchen Säuren und Basen werden als **Protolysen** bezeichnet:

$$\underset{\text{Säure 1}}{HA} + \underset{\text{Base 2}}{B} \rightleftharpoons \underset{\text{Base 1}}{A^-} + \underset{\text{Säure 2}}{HB^+}$$

Säuren (HA), die bei der Protolyse ein Proton übertragen haben, werden dabei selbst zu Basen (A^-), da sie dann in der Lage sind, wieder ein Proton aufzunehmen. Entsprechendes gilt für die Base (B), die durch Aufnahme des Protons zu einer Säure (HB^+) wird. Man bezeichnet diese als **korrespondierende Säure-Base-Paare** HA/A^- und HB^+/B.

2 Autoprotolyse des Wassers und pH-Wert

Die Teilchen einiger Stoffe, wie z. B. Wasser, können sowohl als Säure als auch als Base wirken. Stoffe mit dieser Eigenschaft nennt man **Ampholyte**. Der Charakter der Teilchen dieser Stoffe wird als amphoter bezeichnet.
Bei der Protolyse mit einer starken Säure nimmt Wasser ein Proton auf, mit einer starken Base dagegen kann Wasser ein Proton abgeben.

$$H_2O + HA \rightleftharpoons H_3O^+ + A^-$$

$$H_2O + B \rightleftharpoons OH^- + HB^+$$

In reinem Wasser liegt folgendes dynamisches Gleichgewicht vor:

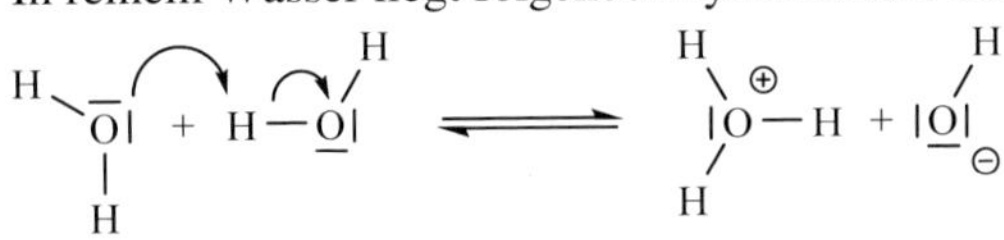

Die Konzentration der im Gleichgewicht vorliegenden Oxonium- bzw. Hydroxid-Ionen ist dabei sehr klein:

$c(H_3O^+) = c(OH^-) = 10^{-7}\ mol \cdot L^{-1}$

Aus dieser Gleichung lässt sich mithilfe des Massenwirkungsgesetzes das sogenannte **Ionenprodukt** des Wassers berechnen:

$K_W = c(H_3O^+) \cdot c(OH^-) = 10^{-14}\ mol^2 \cdot L^{-2}$

Das Ionenprodukt des Wassers gilt nicht nur für reines Wasser, sondern auch für verdünnte Lösungen, d. h., $c(H_3O^+)$ und $c(OH^-)$ hängen voneinander ab.

> Der **pH-Wert** einer Lösung ist definiert als der **negative dekadische Logarithmus** des Betrags der Stoffmengenkonzentration der Oxonium-Ionen:
>
> $pH = -\lg c(H_3O^+)$
>
> Analog gilt für den pOH-Wert:
>
> $pOH = -\lg c(OH^-)$

Aus dem Ionenprodukt des Wassers folgt mit diesen Definitionen:

$pH + pOH = 14$

Aus einem gegebenen pH-Wert lässt sich die Konzentration der Oxonium-Ionen folgendermaßen berechnen:

$c(H_3O^+) = 10^{-pH}$

Saure Lösung	$pH < 7$	$c(H_3O^+) > 10^{-7}\ mol^{-1} \cdot L^{-1}$
Neutrale Lösung	$pH = 7$	$c(H_3O^+) = 10^{-7}\ mol^{-1} \cdot L^{-1}$
Alkalische Lösung	$pH > 7$	$c(H_3O^+) < 10^{-7}\ mol^{-1} \cdot L^{-1}$

3 Stärke von Säuren und Basen

Die Säure- und die Basenstärke sind **Stoffkonstanten**, mit deren Hilfe sich das Bestreben von Teilchen, in wässrigen Lösungen Protonen abzugeben bzw. aufzunehmen, vergleichen lässt.

$HA + H_2O \rightleftharpoons A^- + H_3O^+$ bzw.

$B + H_2O \rightleftharpoons HB^+ + OH^-$

Für die Protolyse-Gleichgewichte einer Säure bzw. Base gilt nach dem Massenwirkungsgesetz:

$$K_c = \frac{c(H_3O^+) \cdot c(A^-)}{c(HA) \cdot c(H_2O)} \quad \text{bzw.} \quad K_c = \frac{c(HB^+) \cdot c(OH^-)}{c(B) \cdot c(H_2O)}$$

Das Produkt aus der Gleichgewichtskonstante und der quasi konstanten Konzentration von Wasser bezeichnet man als **Säure-** bzw. **Basenkonstante** eines Stoffes (K_S bzw. K_B).

$$K_S = K_c \cdot c(H_2O) = \frac{c(H_3O^+) \cdot c(A^-)}{c(HA)} \quad \text{bzw.}$$

$$K_B = K_c \cdot c(H_2O) = \frac{c(HB^+) \cdot c(OH^-)}{c(B)}$$

Für den Vergleich von Säuren bzw. Basen untereinander eignet sich der zugehörige pK_S- bzw. pK_B-Wert:

$pK_S = -\lg K_S$ $\quad$ $pK_B = -\lg K_B$

$K_S = 10^{-pK_S}$ $\quad$ $K_B = 10^{-pK_B}$

Je kleiner der pK_S-Wert bzw. pK_B-Wert ist, desto stärker ist die Säure bzw. Base. Man unterscheidet näherungsweise:

starke Säuren bzw. Basen	**mittelstarke Säuren bzw. Basen**	**schwache Säuren bzw. Basen**
$pK_S / pK_B < 1{,}5$ nahezu vollständige Protolyse	$1{,}5 < pK_S / pK_B < 4{,}75$ unvollständige Protolyse	$pK_S / pK_B > 4{,}75$ unvollständige Protolyse

Je stärker eine Säure ist, desto schwächer ist ihre korrespondierende Base und umgekehrt.

Für korrespondierende Säure-Base-Paare gilt:
$K_S \cdot K_B = 10^{-14}$ oder $pK_S + pK_B = 14$

4 pH-Wert wässriger Lösungen von Säuren und Basen

Mithilfe der Säure- bzw. Basenkonstanten lassen sich die **pH-Werte** von wässrigen Lösungen berechnen. Umgekehrt kann man mit dem pH-Wert die **Konzentration** einer Säure bzw. Base ermitteln.

Starke Säuren bzw. starke Basen

Bei starken Säuren oder Basen liegen alle Säure- bzw. Basenteilchen in Wasser nahezu vollständig protolysiert vor. Im Gleichgewichtszustand entsprechen die Konzentrationen der Oxonium- bzw. Hydroxid-Ionen den Anfangskonzentrationen c_0 der Säure bzw. Base:

$c(H_3O^+) \approx c_0(HA)$ bzw. $c(OH^-) \approx c_0(B)$

Für den **pH-Wert** einer starken Säure bzw. Base gilt:

$pH = -\lg c_0(HA)$ bzw.

$pOH = -\lg c_0(B)$ und $pH = 14 - pOH$

Schwache Säuren bzw. schwache Basen

Die Säure steht im Gleichgewicht mit ihrer korrespondierenden Base:

$$HA + H_2O \rightleftharpoons A^- + H_3O^+$$

Es gilt:

$$K_S = \frac{c(H_3O^+) \cdot c(A^-)}{c(HA)} \quad \text{mit: } c(H_3O^+) = c(A^-)$$

$$K_S = \frac{c^2(H_3O^+)}{c(HA)}$$

Schwache Säuren dissoziieren nur sehr wenig. Daher wird vereinfachend angenommen, dass $c(HA) \approx c_0(HA)$ ist. Damit ergibt sich:

$$K_S = \frac{c^2(H_3O^+)}{c(HA)} \Rightarrow c^2(H_3O^+) = K_S \cdot c_0(HA)$$

$$c(H_3O^+) = \pm\sqrt{K_S \cdot c_0(HA)}$$

Analoge Überlegungen führen zu folgender Berechnungsformel für die Konzentration der Hydroxid-Ionen **schwacher Basen:**

$$c(OH^-) = \pm\sqrt{K_B \cdot c_0(B)}$$

Für den **pH-Wert** einer schwachen Säure bzw. Base gilt:

$pH = \frac{1}{2} \cdot (pK_S - \lg c_0(HA))$ bzw.

$pH = 14 - \frac{1}{2} \cdot (pK_B - \lg c_0(B))$

Bei bekanntem pH-Wert kann mit diesen Formeln auch die Konzentration der Säure (oder Base) berechnet werden:

$$c_0(HA) = \frac{c^2(H_3O^+)}{K_S} \quad \text{bzw.} \quad c_0(B) = \frac{c^2(OH^-)}{K_B}$$

5 Titrationen

Die Titration gehört zu den quantitativen Analyseverfahren, d. h., die unbekannte Konzentration einer Analysenlösung kann durch Zugabe einer Maßlösung bekannter Konzentration bestimmt werden. Die zugrunde liegende Reaktion muss einen messbaren **Äquivalenzpunkt (ÄP)** haben. Der ÄP ist dann erreicht, wenn die Stoffmenge der zugegebenen Säure (oder Base) gleich der Stoffmenge der vorgelegten Base (oder Säure) in der Analysenlösung ist. Bei **Säure-Base-Titrationen** nutzt man dafür beispielsweise Indikatoren (Endpunkttitration), pH-Elektroden (pH-metrische Titration) oder Leitfähigkeitsmessgeräte (konduktometrische Titration).

5.1 Endpunkttitration mit Indikator

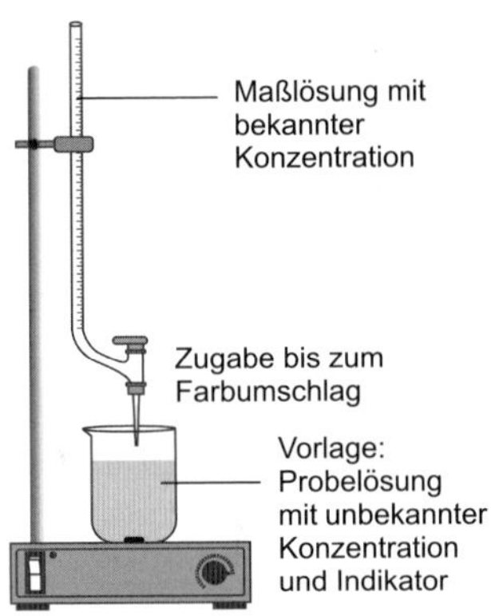

Für die **Endpunkttitration** muss der Indikator so gewählt werden, dass er den Äquivalenzpunkt zuverlässig anzeigt. Dazu muss der Farbumschlag des Indikators in einem pH-Wert-Bereich liegen, der den pH-Wert des Äquivalenzpunktes umfasst. Am Äquivalenzpunkt liegt eine Lösung des Salzes vor, das aus der Säure-Base-Reaktion hervorgeht. Bei der Titration einer **starken Säure** mit einer **starken Base** ist der pH-Wert am ÄP gleich 7.
Eine solche Titration wird daher auch als **Neutralisationstitration** bezeichnet. Dies gilt auch für die Titration einer schwachen Säure mit einer schwachen Base.

Indikator	pH-Umschlagbereich	Farbumschlag
Phenolphthalein	8,7 bis 10,7	farblos zu rosa
Bromthymolblau	5,8 bis 7,6	gelb zu blau
Methylorange	3,1 bis 4,4	rot zu orange

Bei der Titration einer **schwachen Säure** mit einer starken Base ist der pH-Wert am ÄP größer als 7, weil die Anionen aus der schwachen Säure (als korrespondierende Basen) basisch reagieren. In analoger Weise ist der pH-Wert bei der Titration einer **schwachen Base** mit einer starken Säure am ÄP kleiner als 7, weil die korrespondierenden Säureteilchen gegenüber Wasser als Säure reagieren.

Der Indikator für die Endpunkttitration muss so gewählt werden, dass dessen Umschlagsbereich den pH-Wert des Äquivalenzpunktes umfasst. Der Äquivalenzpunkt einer Säure-Base-Titration entspricht nicht immer dem **Neutralpunkt** (pH = 7).

5.2 Berechnung der Stoffmengenkonzentration

Am Äquivalenzpunkt (ÄP) der Titration wurden sämtliche Säure- bzw. Basenteilchen in der Analysenlösung durch die zugegebene Maßlösung umgesetzt. Für die Titration einer Protolysestufe gilt am ÄP:

$n(\text{Maßlösung}) = n(\text{Analysenlösung})$

Da sowohl die Konzentration als auch das verbrauchte Volumen der Maßlösung sowie das titrierte Volumen der Analysenlösung bekannt sind, kann man die Konzentration der Analysenlösung berechnen.

$c(\text{Analysenlösung}) \cdot V(\text{Analysenlösung}) = c(\text{Maßlösung}) \cdot V(\text{Maßlösung})$

$$\Rightarrow \quad c(\text{Analysenlösung}) = \frac{c(\text{Maßlösung}) \cdot V(\text{Maßlösung})}{V(\text{Analysenlösung})}$$

Zur Bestimmung der Essigsäurekonzentration werden 5 mL Haushaltsessig unter Zugabe einiger Tropfen Phenolphthalein gegen Natronlauge, $c(\text{NaOH}) = 1\ \text{mol} \cdot \text{L}^{-1}$, titriert. Der Verbrauch an Natronlauge bis zum Farbumschlag beträgt $V(\text{NaOH}) = 4{,}8$ mL.

$$c(\text{Essigsäure}) = \frac{c(\text{NaOH}) \cdot V(\text{NaOH})}{V(\text{Haushaltsessig})} = \frac{1\,\text{mol} \cdot \text{L}^{-1} \cdot 0{,}0048\,\text{L}}{0{,}005\,\text{L}}$$

$$c(\text{Essigsäure}) = 0{,}96\,\text{mol} \cdot \text{L}^{-1}$$

5.3 pH-metrische Titrationen

Starke Basen als Maßlösung

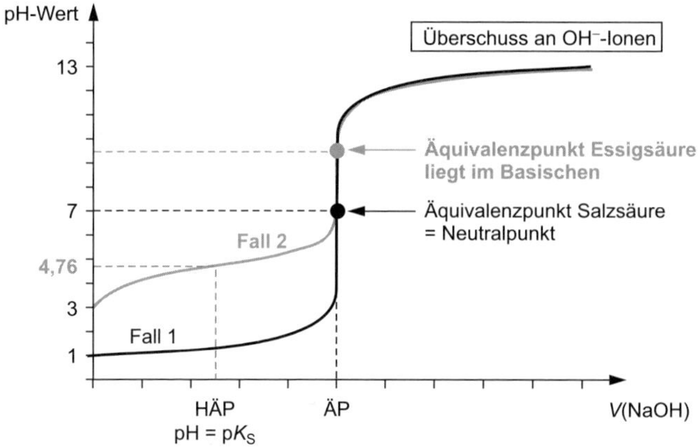

Fall 1: Analysenlösung ist eine starke Säure (z. B. Salzsäure, HCl (aq)):
Die schwarze Titrationskurve beginnt bei pH = 1, daher gilt:
$c(H_3O^+) = 10^{-pH} = 0{,}1\,\text{mol} \cdot \text{L}^{-1}$

Salzsäure wird aus Chlorwasserstoff und Wasser hergestellt, wobei Chlorwasserstoff vollständig protolysiert:

$$HCl + H_2O \rightleftharpoons Cl^- + H_3O^+ \quad \text{d. h. } c(H_3O^+) = c_0(HCl)$$

Bei der Titration mit Natronlauge findet folgende Reaktion statt:

$$NaOH_{(aq)} + HCl_{(aq)} \longrightarrow NaCl_{(aq)} + H_2O$$

Bei einer Titration einer starken Säure mit einer starken Base liegt der Äquivalenzpunkt bei pH = 7, weil das Chlorid-Ion eine sehr schwache Base ist und somit die dann vorliegende Natriumchlorid-Lösung **pH-neutral** ist.

Der pH-Wert jenseits des Äquivalenzpunktes wird durch den Überschuss an **Hydroxid-Ionen** aus der Maßlösung bestimmt.

Fall 2: Analysenlösung ist eine schwache Säure (z. B. Essigsäure, $CH_3COOH_{(aq)}$):

Mit einem pK_S-Wert von 4,76 ist Essigsäure (kurz: HAc) eine schwache Säure, d. h., sie liegt zu Beginn der Titration nicht vollständig protolysiert vor. Es herrscht das folgende Gleichgewicht:

$$HAc + H_2O \rightleftharpoons Ac^- + H_3O^+$$

Die zugegebenen Hydroxid-Ionen (der Maßlösung) reagieren mit den Oxonium-Ionen und den Essigsäure-Molekülen. Am **Halbäquivalenzpunkt** (HÄP) ist genau die Hälfte der ursprünglichen Stoffmenge an Essigsäure umgesetzt. Es gilt $n(HAc) = n(Ac^-)$. Aus

$$K_S = \frac{c(Ac^-) \cdot c(H_3O^+)}{c(HAc)} \quad \text{folgt} \quad K_S = c(H_3O^+) \quad \text{und} \quad pK_S = pH.$$

Der pH-Wert am Halbäquivalenzpunkt entspricht demnach dem pK_S-Wert der Essigsäure.

Am Äquivalenzpunkt liegt eine Natriumacetat-Lösung vor, die **alkalisch reagiert**, da das Acetat-Ion als Base wirkt. Da die Essigsäure vollständig umgesetzt wurde, gilt:

$$n(Ac^-) = n_0(HAc)$$

Der pH-Wert der Lösung lässt sich unter Berücksichtigung der Volumenzunahme der Lösung durch die Zugabe der Maßlösung mithilfe des pK_B-Wertes des Acetat-Ions wie folgt berechnen:

$$n(Ac^-) = \frac{n_0(HAc)}{V(\text{Analysenlsg.}) + V(\text{Maßlsg.})}$$

$$pH = 14 - \frac{1}{2} \cdot (pK_B - \lg\{c(Ac^-)\})$$

Der pH-Wert nähert sich nach dem Äquivalenzpunkt dem pH-Wert der zugegebenen starken Base an, da die **Hydroxid-Ionen** den pH-Wert maßgeblich bestimmen.

Starke Säuren als Maßlösung

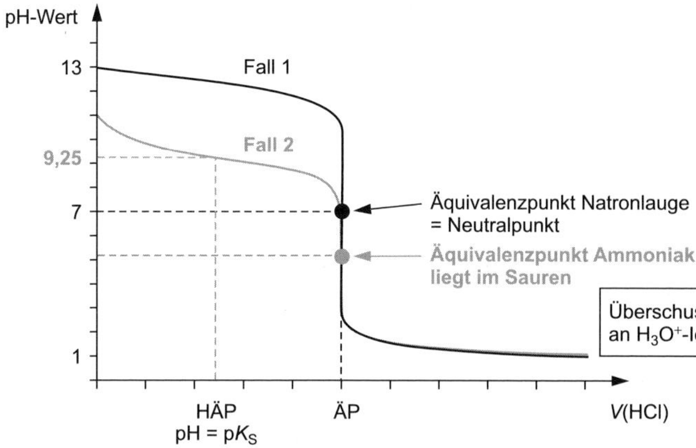

Fall 1: Analysenlösung ist eine starke Base
(z. B. Natronlauge, NaOH (aq)):

Die schwarze Titrationskurve beginnt bei pH = 13, daher gilt:
$c(OH^-) = 10^{14-pH} = 10^{14-13}\ mol \cdot L^{-1} = 0{,}1\ mol \cdot L^{-1}$

Natronlauge entsteht beim Lösen von festem Natriumhydroxid in Wasser. Das Salz dissoziiert vollständig in Natrium- und Hydroxid-Ionen. Es gilt deshalb: $c(OH^-) = c_0(NaOH)$

Bei der Titration mit Salzsäure findet folgende Reaktion statt:

$$NaOH_{(aq)} + HCl_{(aq)} \longrightarrow NaCl_{(aq)} + H_2O$$

Bei einer Titration einer starken Base mit einer starken Säure liegt der Äquivalenzpunkt bei pH = 7, weil das Chlorid-Ion eine sehr schwache Base ist und somit die dort vorliegende Natriumchlorid-Lösung **neutral** reagiert.
Der pH-Wert jenseits des Äquivalenzpunktes wird durch den **Überschuss an Oxonium-Ionen** aus der Maßlösung bestimmt.

Fall 2: Analysenlösung ist eine schwache Base
(z. B. Ammoniak, NH_3 (aq)):

Mit einem pK_B-Wert von 4,75 ist Ammoniak eine schwache Base, d. h., sie liegt zu Beginn der Titration **nicht vollständig protolysiert** vor.

$$NH_3 + H_2O \rightleftharpoons OH^- + NH_4^+$$

Die zugegebenen Oxonium-Ionen reagieren mit den Hydroxid-Ionen und den Ammoniak-Molekülen. Am HÄP sind genau die Hälfte der ursprünglich vorhandenen Ammoniak-Moleküle umgesetzt. Der pH-Wert entspricht an diesem Punkt dem pK_S-Wert der Ammonium-Ionen.
Am **Äquivalenzpunkt (ÄP)** gilt:
$n_z(H_3O^+) = n_0(NH_3)$
Die an diesem Punkt vorliegende Ammoniumchlorid-Lösung reagiert sauer, d. h., der pH-Wert ist kleiner als 7.
Der pH-Wert nähert sich dann dem der zugegebenen starken Säure an, da der Überschuss an Oxonium-Ionen den pH-Wert bestimmt.

Ermittlung des (Halb-)Äquivalenzpunktes

Zur graphischen Ermittlung des Äquivalenzpunktes aus der Titrationskurve bedient man sich der **Drei-Geraden-Methode**. Dazu werden an die Titrationskurve im Bereich der stärksten Krümmung vor und nach dem ÄP zwei parallele Tangenten an den Graphen gezeichnet. Diese werden durch ein Gemeinlot verbunden. Durch die Streckenhalbierende des Gemeinlotes wird eine dritte Gerade parallel zu den Tangenten gezeichnet. Der Schnittpunkt der dritten Geraden mit dem Titrationsgraphen entspricht dem Äquivalenzpunkt.

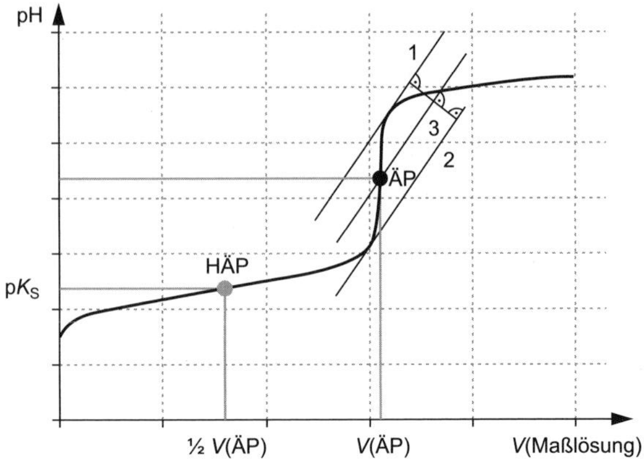

Der Halbäquivalenzpunkt befindet sich an der Stelle, an dem im Vergleich zum ÄP die Hälfte des Volumens an Maßlösung verbraucht wurde.

Interpretation von pH-metrischen Titrationskurven

Die pH-metrischen Titrationskurven einer starken und einer schwachen Säure, die gegen eine starke Base titriert werden, können anhand ihres Verlaufs unterschieden werden:

	Maßlösung	Starke Base	
	Analysenlsg.	Starke Säuren	Schwache Säuren
pH-Wert	Start	$pH = -\lg c(HA)$	$pH = \frac{1}{2} \cdot (pK_S - \lg c_0(HA))$
	HÄP	–	$pH = pK_S$
	ÄP	7	$pH = 14 - \frac{1}{2} \cdot (pK_B - \lg c(A^-))$ $pH > 7$
	Ende	$pH > 7$	$pH > 7$
	Anzahl der Wendepunkte	1	2
	Pufferbereich	nein	um den HÄP

Analog können die pH-metrischen Titrationskurven einer starken und einer schwachen Base, die gegen eine starke Säure titriert werden, anhand ihres Verlaufs unterschieden werden:

	Maßlösung	Starke Säure	
	Analysenlsg.	Starke Base	Schwache Base
pH-Wert	Start	$pH = 14 + \lg c_0(B)$	$pH = 14 - \frac{1}{2} \cdot (pK_B - \lg c_0(B))$
	HÄP	–	$14 - pH = pK_B$ bzw. $pH = pK_S$
	ÄP	7	$pH = \frac{1}{2} \cdot (pK_S - \lg c(HB^+))$ $pH < 7$
	Ende	$pH < 7$	$pH < 7$
	Anzahl der Wendepunkte	1	2
	Pufferbereich	nein	um den HÄP

5.4 Konduktometrische Titrationen

Wässrige Lösungen, die Ionen enthalten, leiten elektrischen Strom, da die Ionen sich in der Lösung frei bewegen können. Die **Leitfähigkeit der Lösung** ist dabei – meist linear – abhängig von Konzentration, Ladungszahl der Ionen, der molaren Grenzleitfähigkeit der Ionen (Λ_0) sowie der Temperatur der Lösung. Die **molare Grenzleitfähigkeit** ist ein Wert, der die Beweglichkeit der Ionen in wässrigen Lösungen charakterisiert, d. h. je größer der Wert ist, desto höher ist die Beweglichkeit der Ionenart und somit auch die Leitfähigkeit der Lösung. Bei der konduktometrischen Säure-Base-Titration wird sich zunutze gemacht, dass die Oxonium- und Hydroxid-Ionen eine vielfach höhere Grenzleitfähigkeit im Vergleich zu Metall-Kationen oder Säurerest-Anionen besitzen. Verantwortlich hierfür ist eine Überlagerung von Ionenwanderung und **GROTTHUSS-Mechanismus** bei den pH-Wert bestimmenden Ionen.

Ionenart	H_3O^+	OH^-	Na^+	Cl^-	NH_4^+	CH_3COO^-
Λ_0 in $S \cdot cm^2 \cdot mol^{-1}$	349,8	198,6	50,1	76,8	73,6	40,9

Bei der konduktometrischen Titration wird mithilfe eines Leitfähigkeitsmessgerätes die Veränderung des **elektrischen Leitwerts *G*** (in Siemens S) oder der **Stromstärke *I*** (in Ampere A) während der Titration gemessen.

Fall 1: Titration einer starken Säure mit einer starken Base

Salzsäure gegen Natronlauge:
Zu Beginn der Titration liegen Oxonium- und Chlorid-Anionen aus der vollständigen Dissoziation des Chlorwasserstoffs vor. Die Oxonium-Ionen bewirken eine hohe Leitfähigkeit der Lösung. Im Verlauf der Titration werden durch Neutralisation Oxonium-Ionen durch Natrium-Ionen ersetzt, d. h. die Anzahl der

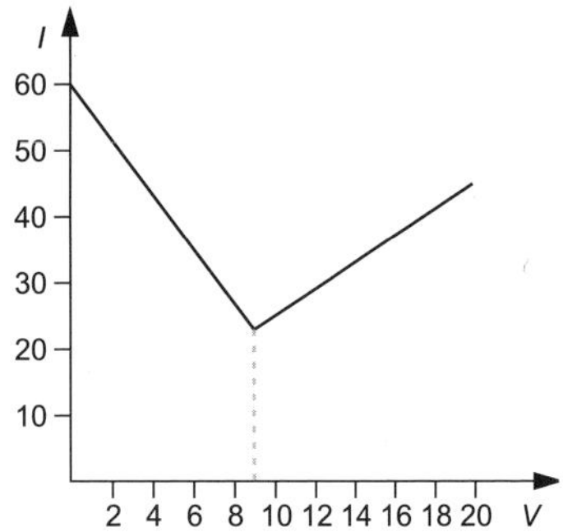

Ionen bleibt konstant, die Leitfähigkeit nimmt jedoch aufgrund der geringeren Grenzleitfähigkeit der Natrium-Ionen stark ab. Ab dem Äquivalenzpunkt steigt die Gesamtzahl der Ionen in der Lösung und damit auch die Leitfähigkeit. Der starke Anstieg der Leitfähigkeit ist auf die hohe Grenzleitfähigkeit der Hydroxid-Ionen zurückzuführen.

Fall 2: Titration einer schwachen Säure mit einer starken Base

Essigsäure gegen Natronlauge:
Aufgrund der Stärke der Essigsäure liegen nur wenige leitfähigkeitsbestimmende Oxonium-Ionen sowie Acetat-Ionen in der Lösung vor. Im Verlauf der Titration wird die geringe Anzahl an Oxonium-Ionen durch Neutralisation durch Natrium-Ionen ersetzt, was die Leitfähigkeit der Lösung zunächst senkt. Bei weiterer Zugabe von Natronlauge werden die Protonen der undissoziierten Essigsäure direkt auf die Hydroxid-Ionen übertragen, wodurch die Anzahl der Ionen (Natrium- und Acetat-Ionen) und somit die Leitfähigkeit der Lösung steigt. Nach dem Äquivalenzpunkt steigt die Leitfähigkeit stärker an, da die Anzahl der Ionen weiter ansteigt und nun überschüssige, gut leitende Hydroxid-Ionen die Leitfähigkeit bestimmen.

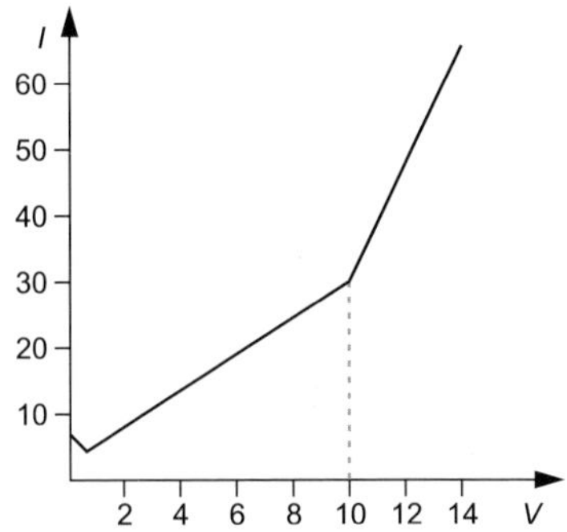

Fall 3: Titration eines Gemischs einer schwachen und einer starken Säure mit einer starken Base

Essigsäure-Salzsäure-Gemisch gegen Natronlauge
In einem Essigsäure-Salzsäure-Gemisch liegen ausschließlich Oxonium-Ionen aus der Protolyse-Reaktion des Chlorwasserstoffs sowie Chlorid-Ionen vor. Die Leitfähigkeit wird maßgeblich von den Oxonium-Ionen bestimmt. Die Essigsäure liegt vollständig undissoziiert vor. Im Verlauf der Titration werden durch Neutralisation Oxonium-Ionen

durch Natrium-Ionen ersetzt, d. h., die Gesamtzahl der Ionen bleibt konstant, die Leitfähigkeit nimmt jedoch aufgrund der geringeren Grenzleitfähigkeit der Natrium-Ionen ab. Nach dem ersten Äquivalenzpunkt – vollständige Neutralisation der Salzsäure – werden bei weiterer Zugabe von Natronlauge die Protonen der undissoziierten Essigsäure direkt auf die Hydroxid-Ionen übertragen, wodurch nun die Anzahl der Ionen (Natrium- und Acetat-Ionen) und somit wiederum die Leitfähigkeit der Lösung steigt. Nach dem zweiten Äquivalenzpunkt, an dem die Essigsäure vollständig neutralisiert wurde, steigt die Leitfähigkeit stärker an, da nun überschüssige, gut leitende Hydroxid-Ionen die Gesamtzahl der Ionen ansteigen lassen.

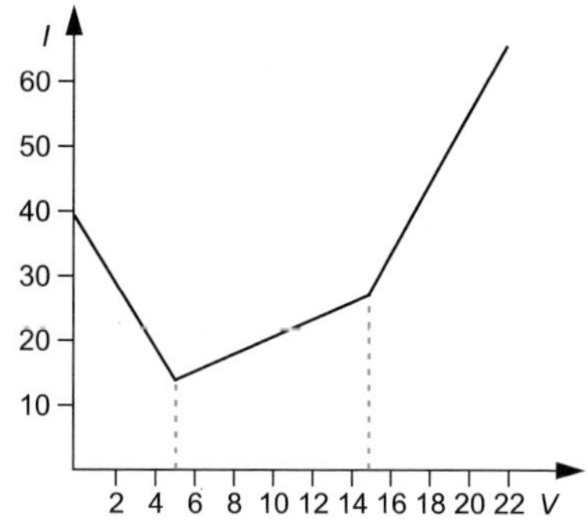

Das Verfahren der konduktometrischen Titration beschränkt sich nicht auf Säure-Base-Reaktionen. Ebenso findet es Anwendung bei **Fällungsreaktionen**, wie beispielsweise der Halogenid-Bestimmung mit Silbernitrat-Lösung (**Argentometrie**), bei der die Leitfähigkeit durch Bildung schwer löslicher Silberhalogenide in der zu analysierenden Lösung beeinflusst wird.

5.5 Vergleich der volumetrischen Verfahren

Die **Endpunkttitration** von Säuren und Basen mit Indikator stellt eine Analysenmethode mit geringem apparativem Aufwand dar und ist daher schnell und einfach durchzuführen. Sie bedarf jedoch einer Analysenlösung, die die Wahrnehmung eines Farbumschlags zulässt. Gefärbte oder stark getrübte Lösungen können mit diesem Verfahren nicht oder nicht hinreichend genau analysiert werden.

Die **pH-metrische Titration** lässt sich auch mit gefärbten oder getrübten Proben durchführen. Neben dem quantitativen Aspekt der

Stoffmengenbestimmung ermöglicht das Verfahren über die Interpretation und Auswertung der Titrationskurve bei schwachen Säuren und Basen im Allgemeinen quantitative Aussagen zur Stärke (pK_S- und pK_B-Werte) sowie zur Anzahl der Protolysestufen.
Die **konduktometrische Titration** ist wie die pH-metrische Titration mit einem höheren apparativen Aufwand durchzuführen. Sie lässt eine qualitative Aussage über die Säure- bzw. Base-Stärke zu. Die Besonderheit liegt in der Konzentrationsbestimmung koexistenter schwacher und starker Säuren bzw. Basen in einer Lösung.

	Endpunkt-titration	**pH-metrische Titration**	**Konduktometrische Titration**
Aufwand	niedrig	hoch	hoch
Unterscheidung starker und schwacher Säuren/Basen	nein	ja	ja
Bestimmung von pK_S/pK_B	nein	ja	nein
Konzentrationsbestimmung starker und schwacher Säuren/Basen in Koexistenz	nein	nein	ja
Getrübte oder gefärbte Proben	nein	ja	ja

Redoxreaktionen und Elektrochemie

Schon gewusst?

❶ Mithilfe von galvanischen Zellen lässt sich chemische Energie in elektrische Energie umwandeln.

❷ Standardelektrodenpotenziale dienen zum Vergleich der Stärke von Reduktions- bzw. Oxidationsmitteln.

❸ Bei der Elektrolyse werden durch Zufuhr von elektrischer Energie die Prozesse eines galvanischen Elements umgekehrt.

❹ Verschiedene Spannungsquellen beruhen auf galvanischen Zellen.

❺ Akkumulatoren vereinen galvanisches Element und Elektrolyse in einem umkehrbaren Redox-Prozess.

❻ Metalle müssen bei technischen Anwendungen häufig vor Korrosion geschützt werden.

1 Formulierung von Redoxreaktionen

Redoxreaktionen unterliegen dem Donator-Akzeptor-Prinzip. Bei Redoxreaktionen werden Elektronen ausgetauscht. Die **Elektronenabgabe (Oxidation)** und die **Elektronenaufnahme (Reduktion)** laufen zeitgleich ab.

Redoxreaktionen laufen freiwillig ab, wenn ein Oxidationsmittel auf ein Reduktionsmittel trifft. Die folgende Tabelle gibt einen Überblick:

	Reduktionsmittel	**Oxidationsmittel**
Fachbegriff	Elektronendonatoren	Elektronenakzeptoren
Funktion	wirken reduzierend	wirken oxidierend
Folge	werden selbst oxidiert	werden selbst reduziert
Oxidationszahl	steigt durch die Reaktion	fällt durch die Reaktion

Ein wichtiges Werkzeug zum Aufstellen von Redox-Reaktionsgleichungen stellen die **Oxidationszahlen** dar. Zur Ermittlung der Oxidationszahlen der einzelnen Atome in den Teilchenarten (Elemente, Ionen, Moleküle) werden diese formal als aus einatomigen Ionen zusammengesetzte Teilchen betrachtet. Dazu werden die Elektronenpaarbindungen – soweit vorhanden – dem Bindungspartner zugeschlagen, der die **höhere Elektronegativität** besitzt. Bei gleichem Elektronegativitätswert wird das Elektronenpaar zwischen den Atomen aufgeteilt. Die Oxidationszahl ergibt sich aus der Differenz der Valenzelektronen im Grundzustand des Atoms (ablesbar im PSE) zu den Valenzelektronen im formalen Ion. Oxidationszahlen werden mit **römischen Ziffern** angegeben.

Oxidationszahlen zuordnen:

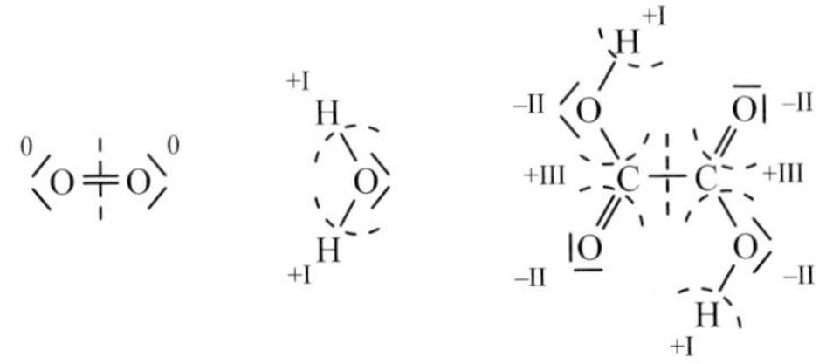

Im **Sauerstoff-Molekül** besitzen beide Atome die gleiche Elektronegativität. Folglich werden die vier Bindungselektronen gleichmäßig auf die beiden Sauerstoff-Atome aufgeteilt. Die Sauerstoff-Atome haben im formalen Ion wie im Grundzustand vier Valenzelektronen. Es resultiert die Oxidationszahl 0. Im **Wasser-Molekül** besitzt der Sauerstoff gegenüber dem Wasserstoff die höhere Elektronegativität. Die Bindungselektronen werden dem Sauerstoff-Atom zugeordnet. Das formale Sauerstoff-Ion hat nun zwei Valenzelektronen mehr als im Grundzustand. Es resultiert die Oxidationszahl –II. Für das **Oxalsäure-Molekül** finden sich analog die oben gezeigten Oxidationszahlen.

Für Elemente, einfache Ionen und anorganische Verbindungen lassen sich **vereinfachende Regeln zur Bestimmung von Oxidationszahlen** aufstellen:

Vereinfachende Regeln zur Bestimmung von Oxidationszahlen:

- Einzelne Atome oder Atome in Elementen haben stets die Oxidationszahl 0.
- Metall-Ionen haben stets eine positive Oxidationszahl.
- Bei einatomigen Ionen ist die Oxidationszahl identisch mit der Ionenladung.
- Bei mehratomigen Ionen ist die Summe aller Oxidationszahlen gleich der Ladung des Ions.
- In Molekülen ergibt die Summe der Oxidationszahlen null.
- Wasserstoff hat in Nichtmetallverbindungen die Oxidationszahl +I, in Metallhydriden die Oxidationszahl –I.
- Sauerstoff hat in Verbindungen meist die Oxidationszahl –II, eine Ausnahme sind Peroxide (–I).
- Fluor hat in allen Verbindungen die Oxidationszahl –I.
- Oxidationszahlen werden als römische Zahl im Namen von Verbindungen angegeben.

Für das **Aufstellen von Redoxgleichungen** hat sich folgende Vorgehensweise bewährt:

(I) Feststellen der Oxidationszahlen:
Was wird oxidiert, was reduziert?

(II) Aufstellen von Teilgleichungen für die Oxidation und Reduktion

- beteiligte Verbindungen, Ionen oder Elemente
- umgesetzte Elektronen
- Ladungsbilanz, z. B. Ergänzung durch Oxonium- oder Hydroxid-Ionen (in wässrigen Lösungen!)
  - ⇒ im sauren Milieu keine Hydroxid-Ionen formulieren
  - ⇒ im basischen Milieu keine Oxonium-Ionen formulieren
  - ⇒ im neutralen Milieu keine Oxonium- oder Hydroxid-Ionen aufseiten der Ausgangsstoffe formulieren
- Atombilanz ausgleichen (z. B. Ergänzen von Wasser etc.)

(III) Verknüpfen zur Redoxgleichung

- Teilgleichungen mit dem kleinsten gemeinsamen Vielfachen der Elektronenzahlen multiplizieren und Vielfach-Teilgleichungen addieren

Chlor-Synthese aus konzentrierter Salzsäure und Kaliumpermanganat

Chlorid-Ionen werden oxidiert

(I) $\overset{+I\,+VII\,-II}{KMnO_4} + \overset{+I\,-I}{HCl} \longrightarrow \overset{0}{Cl_2}\uparrow + \overset{+II}{Mn^{2+}} + ?$

Mangan(VII)-Ionen werden reduziert

(II) **Oxidation:** $2\,Cl^- \longrightarrow Cl_2 + 2\,e^-$

Reduktion: $MnO_4^- + 5\,e^- \longrightarrow Mn^{2+} + 4\,O^{2-}$

Bei dieser Reduktionsgleichung werden aus „formalen" Oxid-Ionen (O^{2-}) – die ja nicht existieren können – Wasser-Moleküle. Dazu werden 8 Oxonium-Ionen (Salzsäure: pH < 7!) auf der linken Seite ergänzt (die Zahl 8 ergibt sich durch den Ladungsausgleich).

Reduktion: $MnO_4^- + 8\,H_3O^+ + 5\,e^- \longrightarrow Mn^{2+} + 12\,H_2O$

(III) **Ox.:** $2\,Cl^- \longrightarrow Cl_2 + 2\,e^- \quad | \cdot (5)$

Red.: $MnO_4^- + 8\,H_3O^+ + 5\,e^- \longrightarrow Mn^{2+} + 12\,H_2O \quad | \cdot (2)$

Redox.: $10\,Cl^- + 2\,MnO_4^- + 16\,H_3O^+ \longrightarrow 5\,Cl_2 + 2\,Mn^{2+} + 24\,H_2O$

2 Galvanische Zellen

2.1 Grundlegende Begriffe

Taucht man ein Zinkblech in eine Kupfer(II)-sulfat-Lösung, so scheidet sich elementares Kupfer am Blech ab und in der Lösung sind Zink(II)-Ionen nachzuweisen.

Ox.: $Zn \longrightarrow Zn^{2+} + 2\,e^-$

Red.: $Cu^{2+} + 2\,e^- \longrightarrow Cu$

An der Phasengrenze werden die Elektronen vom metallischen Zink auf die Kupfer(II)-Ionen übertragen. Die reduzierte Form und die oxidierte Form der beteiligten Reaktionspartner werden als **korrespondierende Redoxpaare** bezeichnet: Me/Me^{z+} (z. B. Zn/Zn^{2+}).

In einem **galvanischen Element** (= galvanische Zelle) können Oxidation und Reduktion dieser beispielhaften oder ähnlicher Redoxreaktion räumlich getrennt ablaufen. Dies ermöglicht es, **die chemische Energie in elektrische Energie umzuwandeln** und nutzbar zu machen. Mithilfe eines solchen Aufbaus können zudem Elektrodenpotenziale bestimmt werden. Der prinzipielle Aufbau einer solchen räumlich getrennten Anordnung kann am obigen Beispiel gut erklärt werden. Diese Anordnung wird als DANIELL-Element (Zink-Kupfer-Element, symbolisch: $Cu^{2+}/Cu//Zn/Zn^{2+}$) bezeichnet.

Im **DANIELL-Element** sind zwei Halbzellen so verbunden, dass (selektiv) Ionen zwischen ihnen wandern können. Die Halbzellen bestehen je aus einer Elektrode der Metalle Zink oder Kupfer, die in eine Elektrolytlösung tauchen, die die jeweiligen korrespondierenden Metall-Ionen (Zn^{2+}, Cu^{2+}) enthalten.

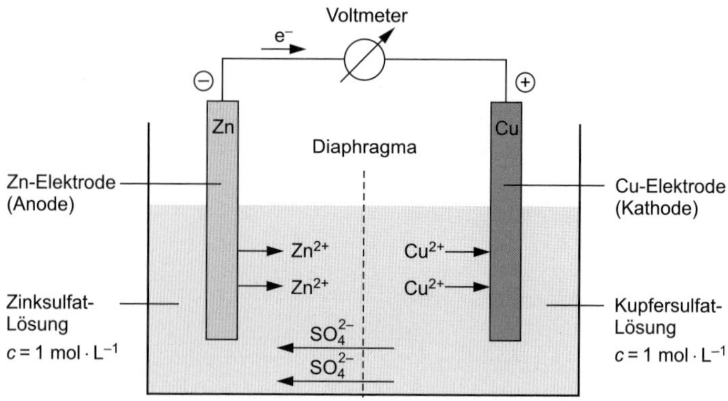

DANIELL-Element – ein galvanisches Element aus einer Kombination von einer Kupfer- und einer Zink-Halbzelle

Die symbolische Darstellung $\mathbf{Cu^{2+}/Cu//Zn/Zn^{2+}}$ für das DANIELL-Element gibt zunächst das korrespondierende Redoxpaar der Akzeptorhalbzelle und dann das der Donatorhalbzelle an. Der einfache Schrägstrich symbolisiert die Phasengrenze (fest/flüssig), der Doppelstrich symbolisiert die räumliche Trennung von Reduktions- und Oxidationsreaktion (z. B. durch ein Diaphragma).

Die nachfolgende Tabelle listet wichtige Begriffe auf.

Begriff	Erläuterung
Elektrode	Elektronenleiter, an dessen Oberfläche die Reduktionen oder Oxidationen ablaufen
Elektrolytlösung	Durch bewegliche Ionen leitfähige Lösung
Halbzelle	Elektrode, die in eine Elektrolytlösung taucht
Galvanisches Element	Zwei Halbzellen, die ionisch leitend über eine Membran, ein Diaphragma oder eine Salzbrücke miteinander verbunden sind
Anode	Elektrode, an der die Oxidationsreaktion stattfindet
Kathode	Elektrode, in der die Reduktionsreaktion stattfindet
Minuspol	Elektrode, an der Elektronen aus einem System entnommen werden; bei galvanischen Elementen stets die Anode
Pluspol	Elektrode, an der Elektronen in ein System gegeben werden; bei galvanischen Elementen stets die Kathode

2.2 Spannungsreihe der Metalle und Nichtmetalle

Halbzellen setzen sich aus einer metallischen Phase und einer Lösungsphase zusammen. In einer Kupfer-Halbzelle beispielsweise ist das Kupferblech die metallische Phase. Nach dem Elektronengasmodell ist das Metall dieses Bleches so aufgebaut, dass die Valenzelektronen frei beweglich sind und die Atomrümpfe der Kupferatome – die formal betrachtet Kupfer(II)-Ionen sind – ein Gitter ausbilden. Die Lösungsphase besteht aus einer Kupfer(II)-Salzlösung, die hydratisierte Kupfer(II)-Ionen enthält. Allgemein besteht demnach eine Me/Me^{z+}-Halbzelle aus einem Metall und einer Elektrolytlösung seiner jeweiligen Ionen. Beide Phasen enthalten die gleichen Metall-Ionen. Zwischen dem Metall und der Elektrolytlösung liegt die Phasengrenze, an der sich die Eigenschaften sprunghaft ändern.

An der Phasengrenze bildet sich ein dynamisches Gleichgewicht aus: Metall-Ionen verlassen das elementare Metall und lassen dabei Elektronen zurück (Hinreaktion). Dementgegen sind die Ionen in der Lösung bestrebt, Elektronen aufzunehmen und als elementares Metall an der Elektrode abzuscheiden (Rückreaktion).
Gehen Metall-Ionen aus der metallischen Phase in die Lösungsphase über, so wird dadurch die metallische Phase gegenüber der Lösungsphase negativ aufgeladen. Der einseitige Übergang von Kationen vom Metall in die Lösung führt daher zu einem Elektronenüberschuss in der metallischen Phase und zu einem Metall-Ionen-Überschuss in der Lösungsphase, d. h., dass durch den Übergang die Phasen entgegengesetzt aufgeladen werden.
Wegen der Wechselwirkungen unter den Ladungsträgern verteilen sich diese nicht gleichmäßig in den Phasen, sondern verbleiben in der Nähe der Phasengrenze. Sie bilden dort eine **elektrochemische Doppelschicht**.
Für die Me/Me^{z+}-Halbzelle wird der Übergang von Metall-Ionen aus der metallischen Phase in die Lösungsphase einschließlich der dort stattfindenden Hydratisierung als Elektrodenreaktion bezeichnet. Für die Cu/Cu^{2+}-Halbzelle lautet diese Elektrodenreaktion:

$$Cu_{(s)} \rightleftharpoons Cu_{(aq)} + 2\,e^-$$

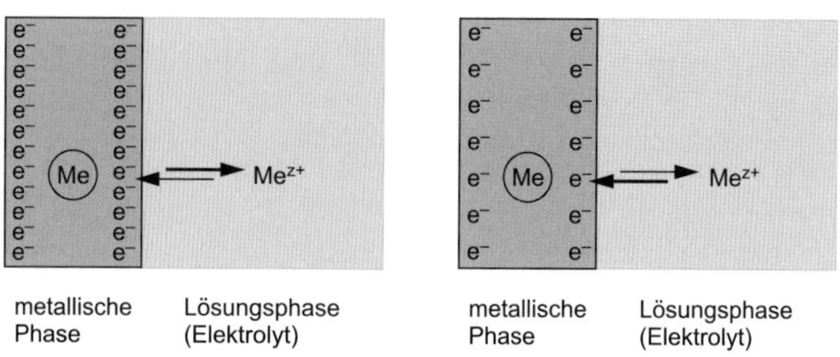

Modellvorstellung zum Elektrodenpotenzial; links: unedles Metall mit hoher Lösungstension; rechts: edles Metall mit geringer Lösungstension (Konzentrationen der Me^{z+}-Lösungen jeweils gleich)

Der einseitige Übergang von Metall-Ionen in die Lösungsphase bis zur Einstellung des Gleichgewichts führt zur Ausbildung eines elektrischen Potenzials. Dieses Potenzial zwischen beiden Phasen wird als **Elektrodenpotenzial *E*** bezeichnet. Das Elektrodenpotenzial ist ein

Ausdruck für die Lage des Gleichgewichts an der Phasengrenzfläche. Je nach **Lösungstension** des Metalls und **Abscheidungsbestreben** der Metall-Ionen, die für jedes Metall charakteristisch sind, liegt das Gleichgewicht mehr oder weniger stark auf der Seite der ionischen Form. Bei unedlen Metallen ist die Lösungstension im Vergleich zum Abscheidungsbestreben sehr hoch; bei edlen Metallen verhält es sich umgekehrt. Die Potenziale der Halbzellen können nicht direkt bestimmt werden, sondern nur Potenzialdifferenzen gemessen werden. Deswegen kombiniert man für die Bestimmung der Elektrodenpotenziale die fragliche Halbzelle unter Standardbedingungen (bei 25 °C, 1 013 mbar Druck und der Konzentration 1 mol · L^{-1}) mit einer **Standardwasserstoffelektrode** (auch Normalwasserstoffelektrode), der das Standardelektrodenpotenzial $E^0 = 0$ V zugewiesen wird.

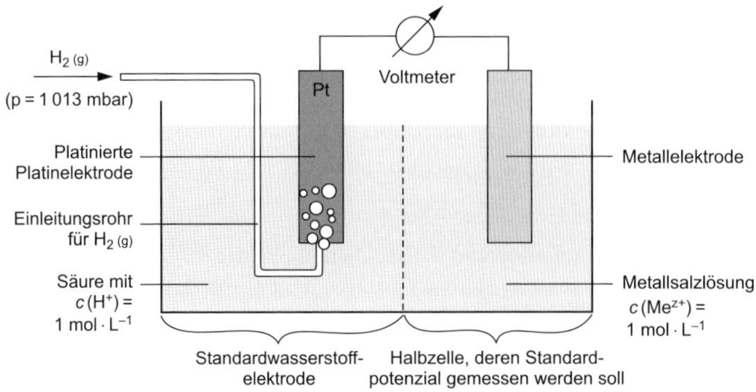

Anordnung zur Messung von Standardelektrodenpotenzialen

Ist die Halbzelle die **Donatorhalbzelle** in dieser Anordnung (z. B. $H^+/H_2//Zn/Zn^{2+}$), so erhält ihr Standardelektrodenpotenzial ein **negatives Vorzeichen**, ist sie dagegen die **Akzeptorhalbzelle** (z. B. $Cu^{2+}/Cu//H_2/H^+$), so erhält ihr Standardelektrodenpotenzial ein **positives Vorzeichen**.

Die Standardelektrodenpotenziale E^0 werden konventionsgemäß als Reduktionspotenziale geschrieben:

$$Zn^{2+} + 2\,e^- \rightleftharpoons Zn \qquad E^0 = -0{,}76\ V$$

$$Cu^{2+} + 2\,e^- \rightleftharpoons Cu \qquad E^0 = 0{,}34\ V$$

Sie werden in der **Spannungsreihe** zusammengefasst:

Oxidierte Form		Reduzierte Form	Standardelektrodenpotenzial E^0
$Li^+ + e^-$	$\rightleftharpoons$	Li	−3,04 V
$Na^+ + e^-$	$\rightleftharpoons$	Na	−2,71 V
$2\ H_2O + 2\ e^-$	$\rightleftharpoons$	$H_2 + 2\ OH^-$	−0,83 V
$Zn^{2+} + 2\ e^-$	$\rightleftharpoons$	Zn	−0,76 V
$Fe^{2+} + 2\ e^-$	$\rightleftharpoons$	Fe	−0,41 V
$2\ H^+ + 2\ e^-$	$\rightleftharpoons$	**H_2**	**0 V**
$Cu^{2+} + 2\ e^-$	$\rightleftharpoons$	Cu	+0,34 V
$Ag^+ + e^-$	$\rightleftharpoons$	Ag	+0,80 V
$O_2 + 4\ H^+ + 4\ e^-$	$\rightleftharpoons$	$2\ H_2O$	+1,23 V
$Cl_2 + 2\ e^-$	$\rightleftharpoons$	$2\ Cl^-$	+1,36 V
$F_2 + 2\ e^-$	$\rightleftharpoons$	$2\ F^-$	+2,87 V

Lithium ist hier mit dem kleinsten Standardelektrodenpotenzial das stärkste Reduktionsmittel. Analog umgekehrt ist Fluor das beste Oxidationsmittel.

Hinweis: Es ist international üblich, die Tabelle der Standardelektrodenpotenziale wie oben zu schreiben (oxidierte Form links, reduzierte Form rechts). Man findet auch Darstellungen, bei denen die Redoxpaare in umgekehrter Reihenfolge (von positivem zu negativem Standardelektrodenpotenzial) aufgelistet werden.

2.3 Anwendung der Standardelektrodenpotenziale

- Mithilfe der Standardelektrodenpotenziale lässt sich entscheiden, in **welcher Richtung** die Reaktion in einem galvanischen Element verläuft. Das Redoxpaar mit dem kleineren Standardelektrodenpotenzial wirkt als Reduktionsmittel.
- Die Standardelektrodenpotenziale können zur **Berechnung der Spannung** U von galvanischen Zellen im stromlosen Zustand benutzt werden.

Die Spannung U eines galvanischen Elements berechnet sich aus der Differenz der Elektrodenpotenziale von Akzeptorhalbzelle (E_A) und Donatorhalbzelle (E_D):
$U = E_A - E_D$

Ordnen Sie in einem Silber-Eisen-Element unter Standardbedingungen den Redoxpaaren Oxidation und Reduktion zu und bestimmen Sie die Richtung des Elektronenflusses. Erläutern Sie die Prozesse im galvanischen Element.

Aus der Tabelle entnimmt man, dass das Redoxpaar Fe/Fe^{2+} ein kleineres Standardelektrodenpotenzial als das Redoxpaar Ag/Ag^{+} hat. Demnach ist Eisen das Reduktionsmittel **(Elektronendonator)**, die Silber-Ionen sind das Oxidationsmittel **(Elektronenakzeptor):**

Anode (Ox.):	Fe	$\longrightarrow$	$Fe^{2+} + 2\,e^-$	
Kathode (Red.):	$Ag^+ + e^-$	$\longrightarrow$	Ag	$\vert \cdot (2)$
Redox.:	$Fe + 2\,Ag^+$	$\longrightarrow$	$Fe^{2+} + 2\,Ag$	

Aus der Eisen-Elektrode gehen Fe^{2+}-Ionen in Lösung und lassen Elektronen in der Elektrode zurück. Die Elektronen wandern durch den äußeren Stromkreis zur Silber-Elektrode. An der Phasengrenze der Elektrode werden Ag^+-Ionen aus der Elektrolytlösung zu elementaren Silber-Atomen reduziert. Die Eisen-Elektrode nimmt an Masse ab, die Silber-Elektrode nimmt an Masse zu.
Der Ladungsausgleich zwischen den Halbzellen erfolgt durch eine Wanderung von Anionen durch das Diaphragma von der Fe/Fe^{2+}-Halbzelle in die Ag/Ag^+-Halbzelle.

Berechnen Sie die Spannung, die bei einer stromlosen Messung unter Standardbedingungen beim DANIELL-Element gemessen werden kann.

$$U = E_A - E_D$$
$$= E^0(Cu/Cu^{2+}) - E^0(Zn/Zn^{2+})$$
$$= 0{,}34\ V - (-0{,}76\ V) = 1{,}1\ V$$

3 NERNST-Gleichung: Die Konzentrationsabhängigkeit des Redoxpotenzials

Die Konzentrationen der an einem chemischen Gleichgewicht beteiligten Stoffe beeinflussen die Lage des Gleichgewichtes. Dies gilt auch für das Gleichgewicht an der Phasengrenze einer Halbzelle. Daraus folgt, dass auch das Elektrodenpotenzial einer Halbzelle von der Konzentration der Elektrolytlösung, in die eine Elektrode eintaucht, abhängig ist. Diesen Sachverhalt kann man experimentell zeigen, indem beispielsweise ein galvanisches Element aus zwei gleichen Silber-Halbzellen aufgebaut wird. Die Potenzialdifferenz dieses galvanischen Elements beträgt zunächst $U = 0$ V.

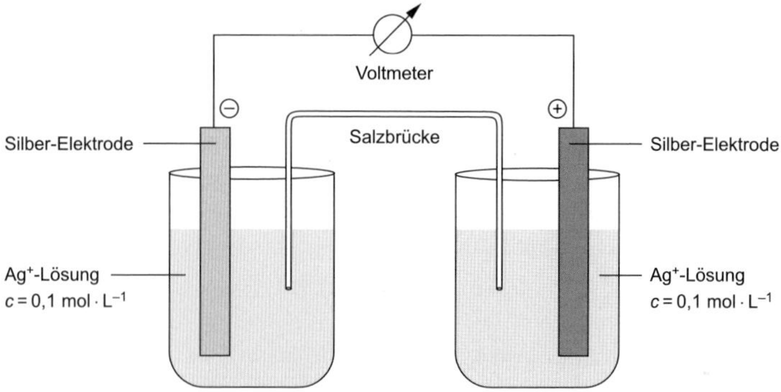

Wird nun die Silber-Ionen-Konzentration in der rechten Halbzelle erhöht (z. B. durch Zugabe von Silbernitrat), so wird diese Halbzelle zum Pluspol, d. h., ihr Potenzial ist gegenüber der linken Halbzelle größer geworden **(a)**.
Verringert man die Silber-Ionen-Konzentration in der rechten Halbzelle hingegen (z. B. durch die Zugabe einer Iodid-Lösung – dabei fällt festes Silberiodid aus), so wird diese zum Minuspol in der Anordnung **(b)**.

Erklärung:
Bei **(a)** wird das Gleichgewicht durch Zugabe von Ag^+-Ionen dahingehend beeinflusst, dass sich das Abscheidungsbestreben in der Halbzelle verstärkt. Das Gleichgewicht wird zugunsten der metallischen

Phase verschoben. Diese Verschiebung bewirkt, dass die Halbzellenanordnung „edler" wird. Das Elektrodenpotenzial der Halbzelle steigt. Bei **(b)** hat sich die Gleichgewichtslage durch Verringerung der Ag^{+}-Ionenkonzentration zugunsten der Lösungsphase verschoben. Die Lösungstension in der Halbzelle nimmt zu und die Halbzellenanordnung wird dadurch „unedler". Das Elektrodenpotenzial wird kleiner.
Darüber hinaus beeinflusst noch die Zahl der an der Reaktion beteiligten Elektronen das Potenzial. Weitere Faktoren werden im schulchemischen Bereich nicht berücksichtigt. Die Sachverhalte lassen sich mithilfe der NERNST-Gleichung in eine Gesetzmäßigkeit überführen.

$$E = E^0 + \frac{0{,}059\ \text{V}}{z} \cdot \lg \frac{c(\text{Ox})}{c(\text{Red})}$$

E:	Elektrodenpotenzial
E^0:	Standardelektrodenpotenzial
z:	Anzahl der an der Teilgleichung beteiligten Elektronen
c(Ox):	Konzentrationen aufseiten des Oxidationsmittels
c(Red):	Konzentrationen aufseiten des Reduktionsmittels

Für komplexe Redoxreaktionen kann das Aufstellen der NERNST-Gleichung Schwierigkeiten bereiten. Man kann sich vereinfachend merken, dass

- nur Stoffmengenkonzentrationen von Teilchen, die in wässriger Lösung vorliegen (Phasenindex: aq), in der NERNST-Gleichung berücksichtigt werden. Für Stoffe in anderen Phasen (gasförmig, fest, flüssig) wird die Stoffmengenkonzentration durch die Zahl 1 ersetzt.
- die Stoffmengenkonzentrationen der Oxidationsmittel im Zähler und die der Reduktionsmittel im Nenner stehen.
  (Eselsbrücke: **O**xidationsmittel = **o**ben)

Für ausgewählte Metall/Metall-Ion-Halbzellen und ausgewählte Nichtmetall/Nichtmetall-Ion-Halbzellen ergeben sich daraus die in der folgenden Tabelle dargestellten Formen der NERNST-Gleichung.

Art der Halbzelle	Vereinfachte Nernst-Gleichung
Metall/Metall-Ion-Halbzelle $Me^{z+} + z\,e^- \rightleftharpoons Me$	$E = E^0 + \frac{0{,}059\ V}{z} \cdot \lg c(Me^{z+})$
H_2-Halbzelle $2\,H^+ + 2\,e^- \rightleftharpoons H_2$	$E = E^0 + \frac{0{,}059\ V}{2} \cdot \lg c^2(H^+)$ $\Rightarrow\ E = -0{,}059\ V \cdot pH$
O_2-Halbzelle $O_2 + 4\,H^+ + 4\,e^- \rightleftharpoons 2\,H_2O$	$E = E^0 + \frac{0{,}059\ V}{4} \cdot \lg c^4(H^+)$ $\Rightarrow\ E = 1{,}23\ V - 0{,}059\ V \cdot pH$
Cl_2-Halbzelle $Cl_2 + 2\,e^- \rightleftharpoons 2\,Cl^-$	$E = E^0 + \frac{0{,}059\ V}{2} \cdot \lg \frac{1}{c^2(Cl^-)}$ $\Rightarrow\ E = E^0 - 0{,}059\ V \cdot \lg c(Cl^-)$

Berechnen Sie die Potenziale einer Chlor-Halbzelle mit einer Konzentration von $c(Cl^-) = 0{,}1\ mol \cdot L^{-1}$ und einer Kupfer-Halbzelle mit einer Konzentration von $c(Cu^{2+}) = 0{,}1\ mol \cdot L^{-1}$.

Bestimmen Sie auch die Spannung eines galvanischen Elements aus einer Kombination dieser Halbzellen.

$$E(Cl^- / Cl_2) = E^0 - 0{,}059\ V \cdot \lg c(Cl^-)$$

$$E(Cl^- / Cl_2) = 1{,}36\ V - 0{,}059\ V \cdot \lg(0{,}1) = 1{,}42\ V$$

$$E(Cu / Cu^{2+}) = E^0 + \frac{0{,}059\ V}{2} \cdot \lg c(Cu^{2+})$$

$$E(Cu / Cu^{2+}) = 0{,}35\ V + \frac{0{,}059\ V}{2} \cdot \lg(0{,}1) = 0{,}32\ V$$

Aufgrund der Elektrodenpotenziale erkennt man, dass die Kupfer-Halbzelle die Donatorhalbzelle und die Chlor-Halbzelle die Akzeptorhalbzelle ist.

$$U = E_A - E_D = E(Cl^- / Cl_2) - E(Cu / Cu^{2+})$$

$$U = 1{,}42\ V - 0{,}32\ V = 1{,}1\ V$$

Ein kupferhaltiges Abwasser wird zu analytischen Zwecken als Elektrolyt für eine Kupfer-Halbzelle gewählt.
Die Kupfer-Halbzelle wird als Donatorhalbzelle gegen eine andere Kupfer-Halbzelle mit einer Konzentration von $c(Cu^{2+}) = 0{,}1\ mol \cdot L^{-1}$, stromlos gemessen. Man erhält eine Spannung von $U = 0{,}118\ V$. Berechnen Sie die Konzentration $c(Cu^{2+})$ im Abwasser.

$$U = E_A - E_D$$

$$U = E^0 + \frac{0{,}059\ V}{2} \cdot \lg c_A(Cu^{2+}) - (E^0 + \frac{0{,}059\ V}{2} \cdot \lg c_D(Cu^{2+}))$$

$$U = \frac{0{,}059\ V}{2} \cdot [\lg c_A(Cu^{2+}) - \lg c_D(Cu^{2+})]$$

$$0{,}118\ V = \frac{0{,}059\ V}{2} \cdot [\lg(0{,}1) - \lg c_D(Cu^{2+})]$$

$$\lg c_D(Cu^{2+}) = -\frac{0{,}118\ V \cdot 2}{0{,}059\ V} + \lg(0{,}1) = -4 + (-1) = -5$$

$$c_D(Cu^{2+}) = 10^{-5}\ mol \cdot L^{-1}$$

4 Elektrolysen

Bei der Elektrolyse wird **elektrische Energie in chemische Energie umgewandelt**. Durch das Anlegen einer Spannung von außen an eine Elektrolysezelle, die prinzipiell wie ein galvanisches Element aufgebaut ist, werden die elektrochemischen Vorgänge der in der galvanischen Zelle freiwillig ablaufenden Reaktionen umgekehrt. Elektrolysezellen können aber auch ohne räumliche Trennung mit nur einem Elektrolyten aufgebaut sein.
An der Elektrode, die an den Minuspol der äußeren Stromquelle angeschlossen ist, läuft die Reduktion an. Sie ist daher die Kathode. An der Anode, die am Pluspol der äußeren Stromquelle angeschlossen ist, läuft die Oxidation ab.

Eine kleine „Eselsbrücke“ für die wichtigen Begriffe:

- **Galvanisches Element:** OMA erledigt kleine Gefallen freiwillig.
  Oxidation – Minuspol – Anode
- **Elektrolyse:** OPA muss überredet werden, den Gefallen zu erledigen.
  Oxidation – Pluspol – Anode

4.1 Zersetzungsspannung und Überspannung

Theoretisch tritt die Zersetzung des Elektrolyten bei der Spannung ein, die der Potenzialdifferenz des bei der Elektrolyse entstehenden galvanischen Elements entspricht. Diese Spannung bezeichnet man als **theoretische Zersetzungsspannung** $U_{Z,\ theo}$.
Misst man experimentell bei einer Elektrolyse die Stromstärke in Abhängigkeit von der Spannung, so ergeben sich Strom-Spannungs-Kurven, an denen man ablesen kann, ab welcher Spannung die **reale Zersetzung** (Zersetzungsspannung $U_{z,\ real}$) des Elektrolyten eintritt:

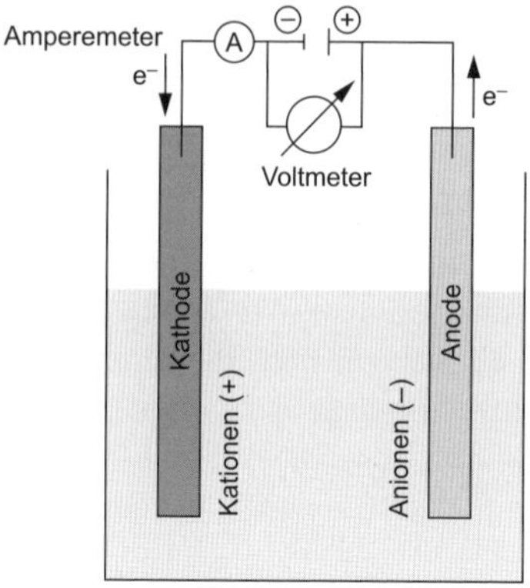

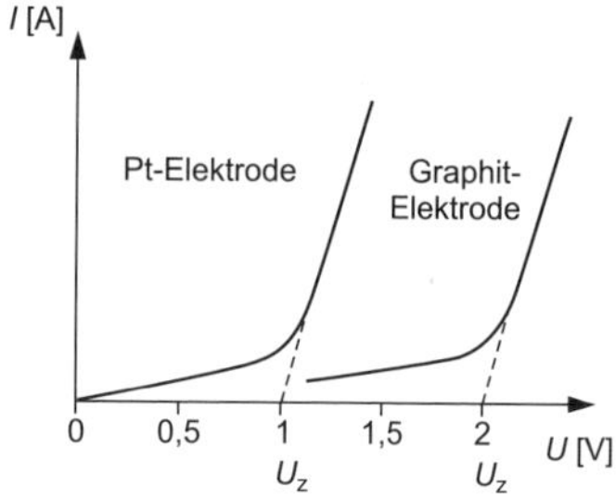

Meist ist die so ermittelte Zersetzungsspannung jedoch größer als die berechnete theoretische Zersetzungsspannung. Es tritt, abhängig vom Elektrodenmaterial, durch prozessbedingte Widerstände in der Elektrolysezelle und an den Elektroden eine **Überspannung** η auf. Das ist besonders dann der Fall, wenn sich bei der Elektrolyse Gase bilden.

Die reale Zersetzungsspannung ergibt sich aus der Differenz der Abscheidungspotenziale E_{Ab} (= Elektrodenpotenzial plus Überspannung):

Zersetzungsspannung:

$$U_{Z,\text{theo}} = E_D - E_A$$

$$U_{Z,\text{real}} = (E_D + \eta) - (E_A + \eta)$$

$$= E_{Ab}(\text{Anode}) - E_{Ab}(\text{Kathode})$$

Gibt es bei einer Elektrolyse die Möglichkeit der Bildung verschiedener Produkte an den Elektroden, so bilden sich die Produkte, die die **kleinste Zersetzungsspannung** haben.

Ermitteln Sie die theoretischen und realen Produkte, die bei der Elektrolyse einer wässrigen Kochsalzlösung (pH = 7) an Graphitelektroden entstehen, unter der Annahme, dass ansonsten Standardbedingungen herrschen.

Zusätzliche Informationen:

Redoxpaar	Elektrodenpotenzial
Na/Na^+	$E^0 = -2{,}71$ V
H_2/H^+ bei pH = 7	E = −0,41 V
OH^-/O_2 bei pH = 7	$E = +0{,}82$ V
Cl^-/Cl_2	$E^0 = +1{,}36$ V

Gas	Überspannung η
Wasserstoff	−0,97 V
Sauerstoff	+1,09 V
Chlor	+ 0,25 V

Mögliche Reaktionen bei der Elektrolyse an der Kathode:

$2\,H^+ + 2\,e^- \longrightarrow H_2 \qquad E_{Ab} = -0{,}41\text{ V} + (-0{,}97\text{ V}) = -1{,}38\text{ V}$

$Na^+ + e^- \longrightarrow Na \qquad E_{Ab} = -2{,}71\text{ V}$

Mögliche Reaktionen bei der Elektrolyse an der Anode:

$4\,OH^- \longrightarrow 2\,O_2 + 2\,H_2O + 4\,e^- \qquad E_{Ab} = 0{,}82\text{ V} + 1{,}09\text{ V} = 1{,}91\text{ V}$

$2\,Cl^- + e^- \longrightarrow Cl_2 + 2\,e^- \qquad E_{Ab} = 1{,}36\text{ V} + 0{,}25\text{ V} = 1{,}51\text{ V}$

Die Redoxpaare H_2/H^+ und OH^-/O_2 weisen die kleinste theoretische Zersetzungsspannung auf ($U_{Z,\ theo} = 1{,}23$ V), sodass in der Theorie Wasserstoff und Sauerstoff bei der oben beschriebenen Elektrolyse als Produkte entstehen müssten.
Für die reale Zersetzungsspannung ergibt sich der kleinste Wert nach:

$$U_{Z,\text{real}} = E_{\text{Ab}}(\text{Cl}^- / \text{Cl}_2) - E_{\text{Ab}}(\text{H}_2 / \text{H}^+)$$
$$= 1{,}51\ \text{V} - (-1{,}38\ \text{V}) = 2{,}89\ \text{V}$$

Es scheiden sich demnach die Gase **Wasserstoff** und **Chlor** ab.

4.2 FARADAY-Gesetze

MICHAEL FARADAY untersuchte in seinen Studien den Zusammenhang zwischen der elektrischen Ladung Q, die bei konstanter Stromstärke I proportional zur Elektrolysezeit t ist, und dem Stoffumsatz bei elektrochemischen Reaktionen. Aus diesen Studien resultierten die nach ihm benannten Gesetze:

1. FARADAY-Gesetz:
Die an einer Elektrode während der Elektrolyse abgeschiedene Stoffmenge n ist proportional zur elektrischen Ladung, die durch den Elektrolyten geschickt wird.

2. FARADAY-Gesetz:
Die durch eine bestimmte Ladungsmenge abgeschiedene Masse m eines Elements ist proportional zur Atommasse des abgeschiedenen Elements und umgekehrt proportional zur Ladungszahl z.

Es folgt daraus:

$$Q = I \cdot t = n \cdot z \cdot F \quad \Leftrightarrow \quad n = \frac{m}{M} = \frac{I \cdot t}{z \cdot F}$$

Q:	Ladung in A · s	I:	Stromstärke in A
t:	Zeit in s	n:	Stoffmenge in mol
m:	Stoffmasse in g	M:	molare Masse in g · mol^{-1}
z:	Ladungszahl	F:	FARADAY-Konstante (96485 A · s · mol^{-1})

Berechnen Sie das Volumen an Chlorgas, das bei einer einstündigen Elektrolyse einer Kochsalzlösung bei einer Stromstärke von $I = 2$ A unter Standardbedingungen entsteht.

$$2\,Cl^- \longrightarrow Cl_2 + 2\,e^- \quad \Rightarrow z = 2$$

$$n(Cl_2) = \frac{2\,A \cdot 3600\,s}{2 \cdot 96485\,A \cdot s \cdot mol^{-1}} \approx 0{,}0373\,mol$$

$$V(Cl_2) = n(Cl_2) \cdot V_{m,n} = 0{,}0373\,mol \cdot 24{,}4\,L \cdot mol^{-1} = 0{,}91\,L$$

Es entstehen 0,9 L Chlorgas.

5 Batterien und Akkumulatoren in Alltag und Technik

Im Alltag findet man Batterien und Akkumulatoren – kurz: Akkus – in nahezu jedem Bereich des Lebens. Diese mobilen Stromquellen sind häufig aus mehreren galvanischen Zellen zusammengesetzt (Reihenschaltung) und ihre Spannung resultiert aus der Summe der einzelnen Potenzialdifferenzen der Elemente. Batterien sind nur einmal bis zur Erschöpfung nutzbar **(Primärelemente)**, da die in ihnen ablaufenden elektrochemischen Reaktionen nicht reversibel (umkehrbar) sind. Akkumulatoren hingegen können mit elektrischer Energie mehrfach wieder aufgeladen werden **(Sekundärelemente)**. Batterien und Akkumulatoren werden im Handel in verschiedenen Bauformen (Zylinder-, Block- und Flachbatterie, Knopfzelle) angeboten. Ein Überblick über ausgewählte wichtige Primär- und Sekundärelemente geben die folgenden Tabellen:

Batterie-Typ	Ablaufende elektrochemische Reaktionen
Leclanché-Batterie	$Zn + 2\,MnO_2 + 2\,NH_4Cl \longrightarrow ZnCl_2 + 2\,NH_3 + Mn_2O_3 + H_2O$ Ox.: $Zn \longrightarrow Zn^{2+} + 2\,e^-$ Red.: $2\,MnO_2 + 2\,H^+ + 2\,e^- \longrightarrow Mn_2O_3 + H_2O$
Alkali-Mangan-Batterie	$Zn + 2\,MnO_2 + 2\,KOH + 2\,H_2O \longrightarrow K_2[Zn(OH)_4] + 2\,MnO(OH)$ Ox.: $Zn + 4\,OH^- \longrightarrow [Zn(OH)_4]^{2-} + 2\,e^-$ Red.: $MnO_2 + H_2O + 2\,e^- \longrightarrow MnO(OH) + OH^-$

Fortsetzung siehe nächste Seite

Batterie-Typ	Ablaufende elektrochemische Reaktionen		
Zink-Luft-Batterie	$2\,Zn + O_2 + 4\,KOH + 2\,H_2O$	$\longrightarrow$	$2\,K_2[Zn(OH)_4]$
	Ox.: $Zn + 4\,OH^-$	$\longrightarrow$	$[Zn(OH)_4]^- + 2\,e^-$
	Red.: $O_2 + 2\,H_2O + 4\,e^-$	$\longrightarrow$	$4\,OH^-$
Silberoxid-Zink-Batterie	$Zn + Ag_2O + H_2O$	$\longrightarrow$	$Zn(OH)_2 + 2\,Ag$
	Ox.: Zn	$\longrightarrow$	$Zn^{2+} + 2\,e^-$
	Red.: $Ag_2O + H_2O + 2\,e^-$	$\longrightarrow$	$2\,Ag + 2\,OH^-$
Lithium-Mangan-Batterie	$Li + MnO_2$	$\longrightarrow$	$LiMnO_2$
	Ox.: Li	$\longrightarrow$	$Li^+ + e^-$
	Red.: $MnO_2 + Li^+ + e^-$	$\longrightarrow$	$LiMnO_2$

Akku-Typ	Ablaufende elektrochemische Reaktionen		
Blei-Akku	$Pb + PbO_2 + 2\,H_2SO_4$	$\longrightarrow$	$2\,PbSO_4 + 2\,H_2O$
	Ox.: $Pb + SO_4^{2-}$	$\longrightarrow$	$PbSO_4 + 2\,e^-$
	Red.: $PbO_2 + 4\,H^+ + SO_4^{2-} + 4\,e^-$	$\longrightarrow$	$PbSO_4 + 2\,H_2O$
Nickel-Metallhydrid-Akku	$MeH + NiO(OH)$	$\longrightarrow$	$Me + Ni(OH)_2$
	Ox.: $MeH + OH^-$	$\longrightarrow$	$Me + H_2O + e^-$
	Red.: $NiO(OH) + H_2O + e^-$	$\longrightarrow$	$Ni(OH)_2 + OH^-$

6 Brennstoffzellen

Galvanische Zellen können auch so konstruiert werden, dass man Oxidationsmittel und Reduktionsmittel kontinuierlich zuführen kann und somit einen zeitlich unbegrenzten Betrieb der Zelle ermöglicht. Diese Art der galvanischen Zelle wird als **Brennstoffzelle** bezeichnet. Ein klassisches Beispiel für eine Brennstoffzelle ist die Wasserstoff-Sauerstoff-Brennstoffzelle, die die üblicherweise schnell verlaufende, exotherme Knallgas-Reaktion nutzt:

$$2\,H_2 + O_2 \longrightarrow 2\,H_2O$$

Die Knallgas-Reaktion wird dabei in zwei im Vergleich langsam ablaufende, elektrisch nutzbare Teilreaktionen umgewandelt.

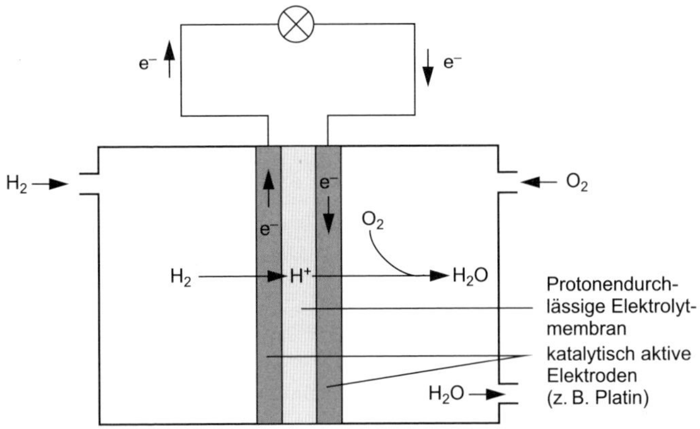

Oxidation: $H_2 \longrightarrow 2\,H^+ + 2\,e^-$

Reduktion: $O_2 + 4\,H^+ + 4\,e^- \longrightarrow 2\,H_2O$

7 Elektrochemische Korrosion und Korrosionsschutz

Werden Metalle durch oxidative Prozesse zersetzt, so spricht man von **Korrosionsvorgängen**. Man unterscheidet grundsätzlich zwei Arten der Korrosion:

- Bei der **Sauerstoffkorrosion** wird das Metall (z. B. Eisen) durch das Oxidationsmittel Sauerstoff zersetzt. Hierfür ist ein Elektrolyt von neutralem oder leicht alkalischem Milieu notwendig.

  Red.: $O_2 + 2\,H_2O + 4\,e^- \rightleftharpoons 4\,OH^-$

  Ox.: $Me \rightleftharpoons Me^{z+} + z\,e^-$

- Liegt ein Elektrolyt mit saurem pH-Wert vor, so erfolgt die Zersetzung des Metalls durch Oxonium-Ionen. Dieser Fall wird als **Säurekorrosion** bezeichnet.

  Red.: $2\,H_3O^+ + 2\,e^- \rightleftharpoons H_2 + 2\,H_2O$

  Ox.: $Me \rightleftharpoons Me^{z+} + z\,e^-$

Durch Korrosionsvorgänge entstehen volkswirtschaftliche Schäden in Milliardenhöhe. Daher ist man daran interessiert, die Korrosionsvorgänge durch geeignete Schutzmaßnahmen zu unterbinden.

7.1 Passiver Korrosionsschutz

Beim **passiven Korrosionsschutz** werden durch geeignete Maßnahmen die Reaktionspartner der Korrosionsvorgänge räumlich getrennt. Dies erfolgt durch Aufbringen einer den Oxidationsmitteln gegenüber inerten – d. h. nicht reaktiven – **Schutzschicht**. Verfahren zum Aufbringen von Schutzschichten sind beispielsweise:

- Lackieren (z. B. Automobile)
- Emaille-Überzüge (z. B. Badewannen)
- Passivieren (z. B. Eloxal-Verfahren, Phosphatierung)
- Galvanisieren, d. h. Überziehen des Werkstücks mit einem edleren Metall (z. B. Vergolden) durch elektrochemische Abscheidung

Treten beim Überzug mit einem edleren Metall Fehlstellen auf, so kann es dennoch zur Korrosion kommen. Am Beispiel eines mit Zinn überzogenen Eisenblechs – das sogenannte Weißblech – soll dieses verdeutlicht werden. Bei der eintretenden Sauerstoffkorrosion entsteht der Lochfraß im Eisenblech.

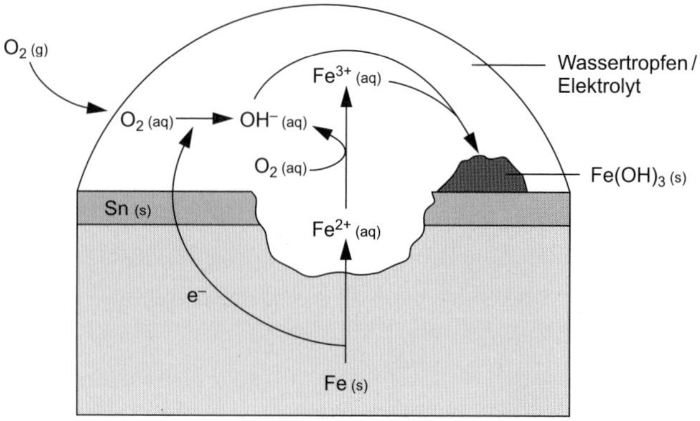

Ox.: $Fe \longrightarrow Fe^{2+} + 2\,e^-$ und

$Fe^{2+} \longrightarrow Fe^{3+} + e^-$

Red.: $O_2 + 2\,H_2O + 4\,e^- \longrightarrow 4\,OH^-$

Fällungsreaktion:

$Fe^{3+}_{(aq)} + 3\,OH^-_{(aq)} \longrightarrow Fe(OH)_{3\,(s)}$

Sauerstoffkorrosion beim Weißblech

7.2 Kathodischer Korrosionsschutz

Beim kathodischen Korrosionsschutz werden die metallischen Gegenstände mit einem unedleren Metall leitend verbunden. Bei einer eintretenden Korrosion wirken die unedlen Metalle als Reduktionsmittel für das zu schützende Metall und lösen sich auf.
Daher werden sie auch als **Opferanoden** bezeichnet. Sie müssen deshalb von Zeit zu Zeit erneuert werden. Als wohl bekanntestes Beispiel kann hier das Anbringen von Zink- oder Magnesiumplatten an Schiffsrümpfen genannt werden.

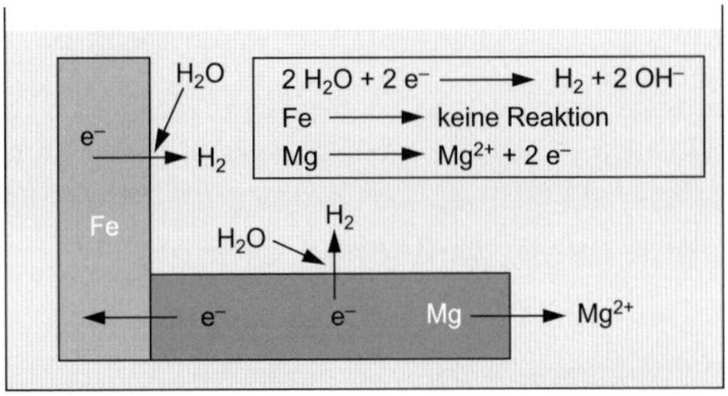

Das **Feuerverzinken**, d. h. Eintauchen eines Werkstückes in flüssiges Zink, kann sowohl als passiver als auch als kathodischer Korrosionsschutz bezeichnet werden. Ein vollständig geschlossener Zinküberzug auf einem Eisengegenstand bildet eine dünne Oxidschicht an seiner Oberfläche aus, die passiv gegenüber einer Korrosion ist. Wird die Zinkschicht jedoch beschädigt, sodass das Eisen freigelegt wird, schützt das Zink das Eisen aktiv und wirkt als Opferanode.

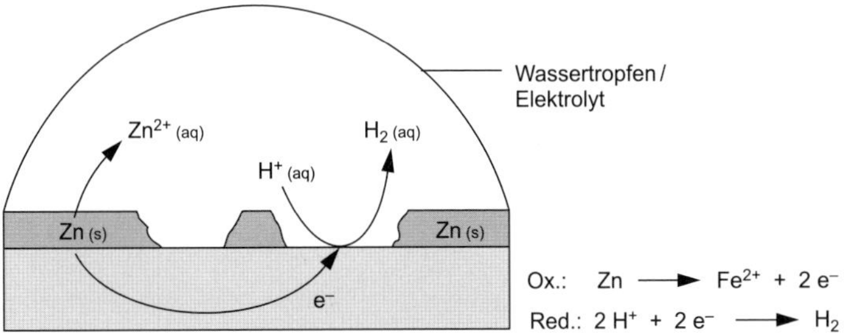

Aktiver Korrosionsschutz bei schadhaftem Zinküberzug auf Eisen

Organische Verbindungen und Reaktionswege

Schon gewusst?

❶ Die Struktur eines Stoffes beeinflusst die Stoffeigenschaften.
❷ Elektronenverschiebende Effekte bestimmen die Verteilung der Elektronendichte im organischen Molekül.
❸ Reaktionstypen werden nach dem angreifenden Teilchen benannt.
❹ Aromatische Verbindungen sind aufgrund delokalisierter Elektronen mesomeriestabilisiert.

1 Stoffklassen in der organischen Chemie

Stoffklasse	Strukturmerkmal	funkt. Gruppe
Alkane	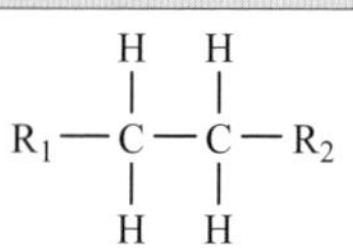	ausschließlich Einfachbindungen
Alkene	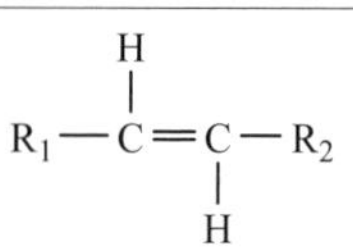	Doppelbindung
Halogenalkane	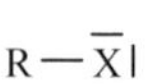	Halogen-Gruppe X: F, Cl, Br, I
Alkanole (Alkohole)	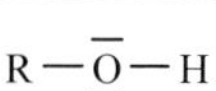	Hydroxy-Gruppe
Alkanale (Aldehyde)	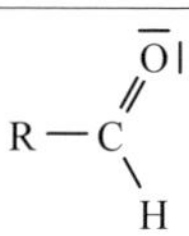	Primäre Carbonyl-Gruppe

Alkanone (Ketone)	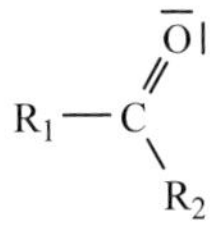	Sekundäre Carbonyl-Gruppe
Alkansäuren (Carbonsäuren)	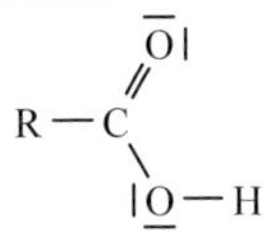	Carboxy-Gruppe
Carbonsäure-ester	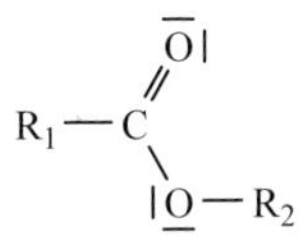	Ester-Gruppe
Carbonsäure-amide	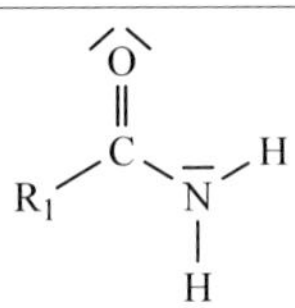	Carbamoyl-Gruppe
Carbonsäure-halogenide	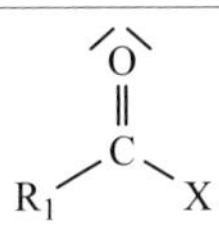	Halogencarbonyl-Gruppe X: F, Cl, Br, I
Ether	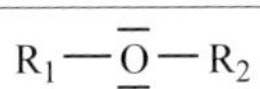	Ether-Gruppe
Amine	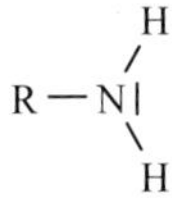	Amino-Gruppe
Nitrile	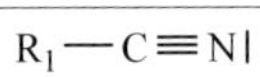	Nitril-Gruppe
Isocyanate	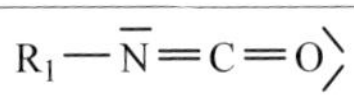	Isocyanat-Gruppe
Urethane	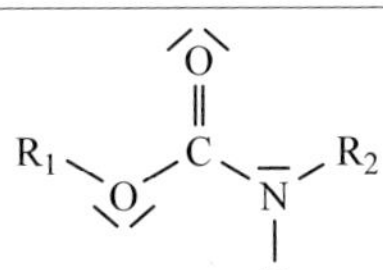	Urethan-Gruppe

Ausgewählte Stoffklassen organischer Verbindungen

2 Isomerie

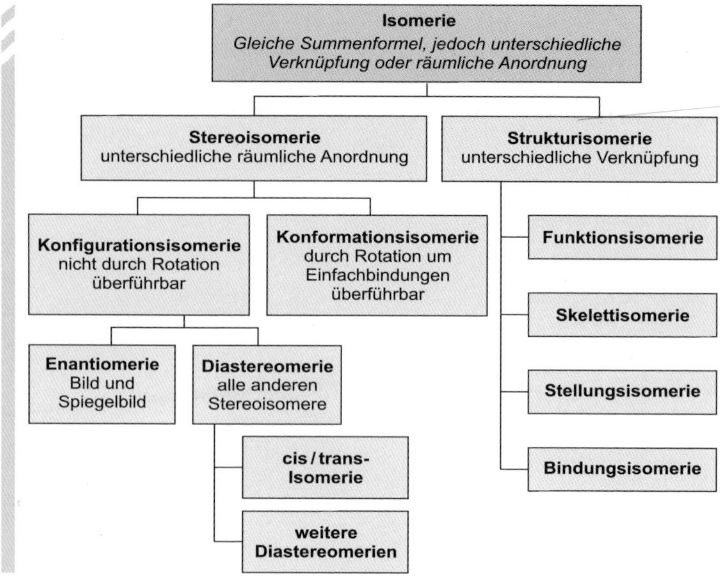

Stereoisomerie

Konfigurations-isomerie	**Enantio-merie**	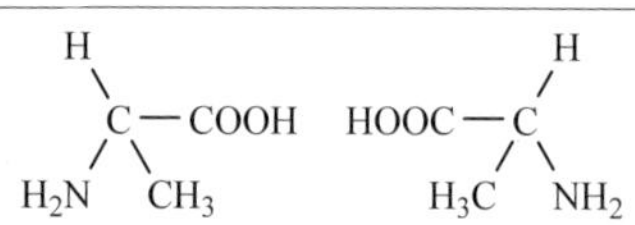
	Diastereo-merie	hier: *cis*/*trans*-Isomerie 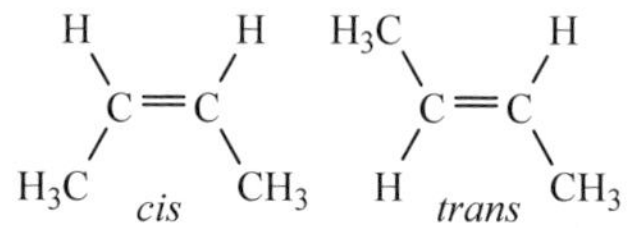
Konformationsisomerie		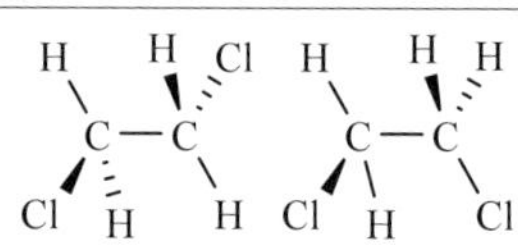

Strukturisomerie

Funktionsisomerie	unterschiedliche funktionelle Gruppen $H_3C-O-CH_3$ H_3C-CH_2-OH
Skelettisomerie	verschieden verzweigte Kohlenstoffgerüste 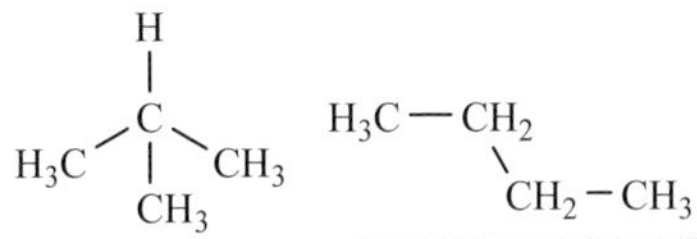
Stellungsisomerie	unterschiedliche Stellung der funktionellen Gruppe 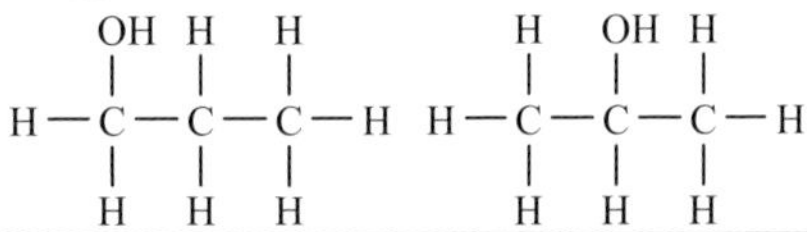
Bindungsisomerie	unterschiedliche Anzahl und Position der Mehrfachbindungen 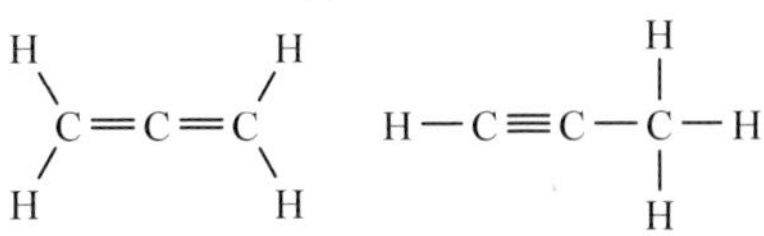

3 Zwischenmolekulare Wechselwirkungen

3.1 VAN-DER-WAALS-Kräfte

Die Elektronen eines Atoms können sich in Grenzen bewegen, was zu einer stetigen Umverteilung der Ladungsverhältnisse am Atom führt. Werden so die Ladungsschwerpunkte der entgegengesetzten Ladungen (Elektronen und Protonen) räumlich getrennt, resultiert für kurze Zeit ein sehr schwacher Dipol (temporärer Dipol). Nähern sich zwei Teilchen mit dieser Eigenschaft an, so können sich schwache elektrostatische Wechselwirkungen ausbilden – die **VAN-DER-WAALS-Kräfte**. Die Stärke dieser Wechselwirkungen ist abhängig von der Teilchenoberfläche. In der homologen Reihe der unverzweigten n-Alkane beispielsweise steigt aus diesem Grund die Siedetemperatur mit zunehmender Kettenlänge. Verzweigte Kohlenwasserstoffe hingegen haben gegenüber den linearen Isomeren aufgrund ihrer kleineren Oberfläche eine niedrigere Siedetemperatur:

Eselsbrücke: *Der Siedepunkt umso tiefer fiel, je kugeliger das Molekül!*

3.2 Dipol-Dipol-Wechselwirkungen

Elektronenpaarbindungen können polar sein, wenn die Bindungspartner unterschiedlich starke Elektronegativitäten aufweisen. Hat die **Elektronegativitätsdifferenz ΔEN** der an der Bindung beteiligten Atomarten einen Wert zwischen 0,5 und 1,7, so liegt eine **polare Elektronenpaarbindung** vor. Die Bindung ist umso stärker polarisiert, desto größer der Wert ΔEN ist. Dies bedeutet, dass sich die Bindungselektronen nicht mehr gleichmäßig zwischen den Atomen aufhalten, sondern stärker zu einem der Atome hin verlagert sind – die Ladungsdichte verschiebt sich. Durch die Verschiebung bilden sich **Partialladungen** aus, die in den Strukturen an den Atomen mit geringerer Ladungsdichte durch $\boldsymbol{\delta^+}$ und an den Atomen mit höherer Ladungsdichte mit $\boldsymbol{\delta^-}$ gekennzeichnet werden.

Vorsicht: Partialladungen sind nicht zu verwechseln mit echten Ladungen bei Ionen, bei denen Elektronen von einem Atom auf ein anderes übergehen und so Ladungsdifferenzen entstehen.

Kommt zu den polaren Bindungen eines Moleküls oder Molekülions eine geometrische Anordnung der Atome hinzu, sodass Ladungsschwerpunkte räumlich voneinander getrennt vorliegen, so spricht man von einem **Dipol-Molekül**.

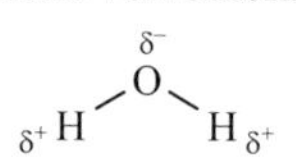

$\Delta EN(OH) = EN(O) - EN(H) = 3{,}5 - 2{,}1 = 1{,}4$

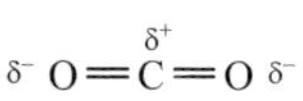

$\Delta EN(OC) = EN(O) - EN(C) = 3{,}5 - 2{,}5 = 1{,}0$

Sowohl im Wasser- als auch im Kohlenstoffdioxid-Molekül liegen polarisierte Elektronenpaarbindungen vor. Die gewinkelte Struktur des Wasser-Moleküls trennt die Ladungsschwerpunkte voneinander, sodass eine Ebene zwischen der positiven und negativen Partialladung

gezogen werden kann – es liegt ein permanenter Dipol vor. Beim Kohlenstoffdioxid-Molekül ist dies aufgrund des linearen Aufbaus nicht möglich. Folglich ist es im Gegensatz zum Wasser-Molekül kein Dipol.
Dipole wirken untereinander zwischenmolekulare Kräfte aus, die stärker sind als VAN-DER-WAALS-Kräfte: die **Dipol-Dipol-Wechselwirkungen**.

3.3 Wasserstoffbrückenbindungen

Mit der **Wasserstoffbrückenbindung** wird die zwischen- oder innermolekulare Wechselwirkung eines polar-kovalent gebundenen Wasserstoff-Atoms in einer funktionellen Gruppe mit einem freien Elektronenpaar eines Atoms einer anderen funktionellen Gruppe beschrieben. Klassische Beispiele für Wasserstoffbrückenbindungen findet man in Verbindungen, die Hydroxy-, Carboxy- oder Amino-Gruppen enthalten.

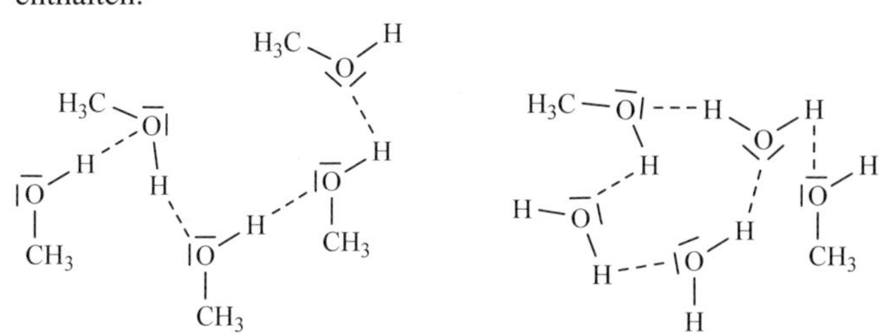

Darstellung zwischenmolekularer Wasserstoffbrückenbindungen in Methanol (links) und in einem Methanol-Wasser-Gemisch (rechts)

Modellhaft kann man sich die Wasserstoffbrückenbindung als „eingefrorene" Protonenübertragung vorstellen. Sie ist deutlich stärker als die Dipol-Dipol-Wechselwirkungen. Beispielsweise werden für die hohen Siedetemperaturen von Wasser sowie kurzkettigen Alkoholen oder Carbonsäuren in Vergleich zu den homologen Alkanen die Wasserstoffbrückenbindungen als wesentliche Begründung des Phänomens herangezogen.

Stärke der zwischenmolekularen Wechselwirkungen:

Zunahme ↓

- VAN-DER-WAALS-Kräfte
- Dipol-Dipol-Wechselwirkungen
- Wasserstoffbrückenbindungen

4 Induktiver Effekt

Der induktive Effekt beschreibt in der organischen Chemie eine ladungsverschiebende Wirkung funktioneller Gruppen entlang mehrerer Atombindungen, die eine Reichweite von bis zu drei Atomen hat. Unterschieden wird dabei zwischen der elektronenschiebenden Wirkung, dem **+I-Effekt** (positiver induktiver Effekt) und der elektronenziehenden Wirkung, dem **–I-Effekt** (negativer induktiver Effekt). Atome mit vergleichsweise hoher Elektronegativität üben einen –I-Effekt aus, indem sie die Elektronenverteilung der Elektronenpaarbindung der benachbarten Atome so beeinflussen, dass die Bindungselektronen zum Atom mit höherer Elektronegativität hin verschoben werden. Alkyl-Gruppen wirken demgegenüber genau entgegengesetzt und üben einen positiven induktiven Effekt aus. In beiden Fällen kommt es zu einer Verschiebung der Elektronendichte im Molekül.

Erklärung unterschiedlicher Säurestärken:

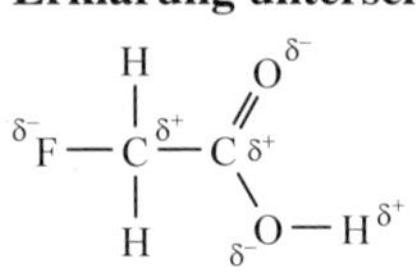

Fluoressigsäure

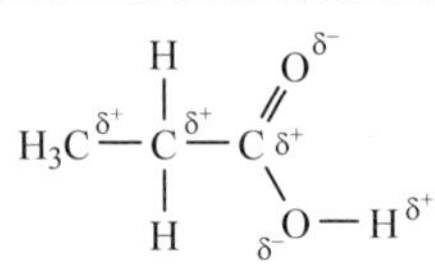

Propansäure

Die Fluoressigsäure ($pK_S = 2{,}59$) ist im Vergleich zur Essigsäure ($pK_S = 4{,}76$) eine stärkere Säure. Der –I-Effekt des Fluor-Substituenten wirkt auf die Carboxy-Gruppe und erleichtert durch die elektronenziehende Wirkung die Dissoziation des Protons. Die Propansäure ($pK_S = 4{,}87$) hingegen ist im Vergleich zur Essigsäure eine schwächere Säure. Betrachtet man die Propansäure als Essigsäure mit Methyl-

Substituenten, so übt dieser einen +I-Effekt aus, der vergleichsweise die Dissoziation des Säuremoleküls erschwert.

Effekt	Funktionelle Gruppen
Kein I-Effekt	Wasserstoff-Substituent —H
+I-Effekt	Alkyl-Gruppen, z. B. $—CH_3$ 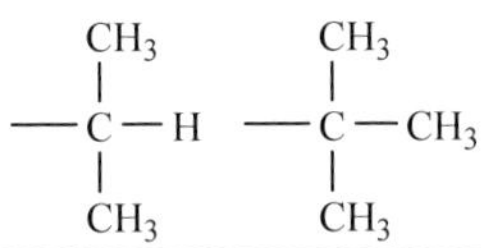
–I-Effekt	Carbonyl-Gruppe 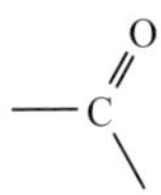 Carboxy-Gruppe 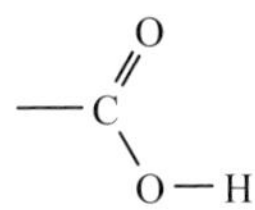 Amin-Gruppe 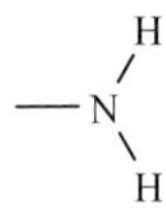 Nitro-Gruppe 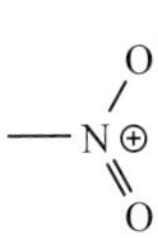 Hydroxy-Gruppe —O—H Nitril-Gruppe —C≡N Halogen-Gruppe —Hal

5 Mesomerie

Mesomerie beschreibt das Phänomen, dass sich aufgrund delokalisierter Elektronen die Bindungsverhältnisse einer Verbindung oder von Teilen davon nicht eindeutig durch eine Strukturformel darstellen lassen. Dargestellt werden mehrere **Grenzstrukturen**, die jedoch nicht die richtige Elektronenverteilung wiedergeben. Die wahre Elektronenverteilung liegt zwischen den Grenzzuständen.
Ein Beispiel hierfür ist die Carboxylat-Gruppe, hier am Acetat-Ion vorgestellt:

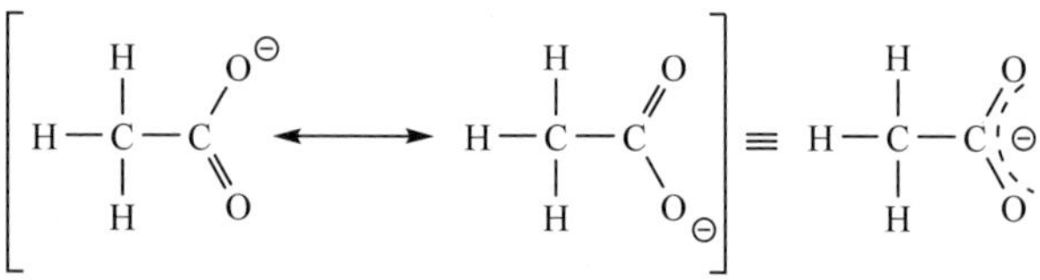

Die Grenzstrukturen weisen zwischen dem Carbonylkohlenstoff-Atom und einem der beiden Sauerstoff-Atome eine Doppelbindung, zum anderen Sauerstoff-Atom eine Einfachbindung aus. Die π-Elektronen der Doppelbindungen sind real jedoch über den O–C–O-Atomverband gleichmäßig verteilt. Die beiden Grenzstrukturen mit den lokalisierten Elektronen weisen einen höheren Energiegehalt auf als die tatsächliche Struktur mit den delokalisierten Elektronen. Der Energiebetrag, der zwischen diesen Strukturen liegt, wird als **Mesomerieenergie** bezeichnet.

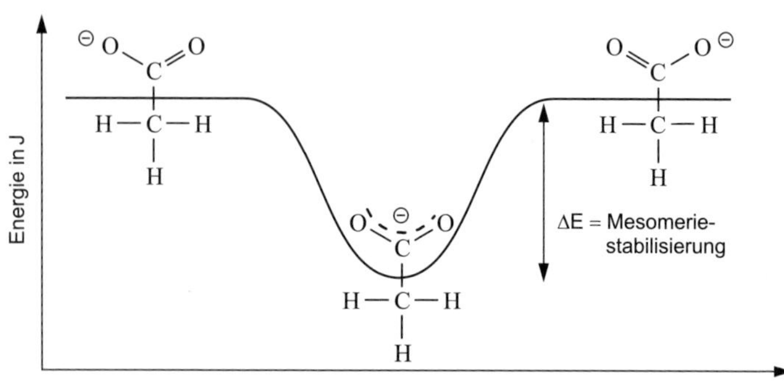

Die Stabilisierung des Carboxylat-Anions durch Freisetzung der Mesomerieenergie bei der Protolysereaktion der Carbonsäure ist ein Grund dafür, dass Carbonsäuren im Vergleich zu den Alkoholen vergleichbarer Strukturen eine höhere Acidität aufweisen.

6 Reaktionstypen

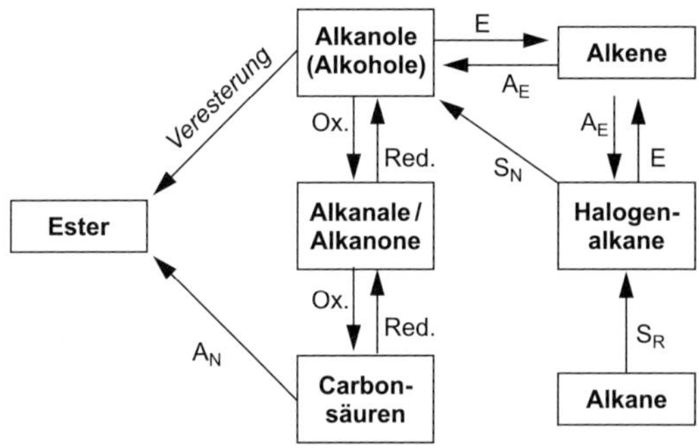

6.1 Substitutionsreaktionen

Bei Substitutionsreaktionen werden in organischen Molekülen Wasserstoff-Atome oder funktionelle Gruppen ersetzt. Bei der Reaktion eines Halogenalkans zu einem Alkohol wird beispielsweise ein Halogen-Substituent durch eine Hydroxy-Gruppe ersetzt. Substitutionsreaktionen können radikalisch, elektrophil (siehe Kap. 7 Seite 61 f.) oder nukleophil verlaufen, je nachdem welchen Charakter der eintretende Substituent hat.

Radikalische Substitution

Die radikalische Substitution (S_R) verläuft relativ ungesteuert in drei charakteristischen Reaktionsschritten ab, hier erläutert an der Bromierung von n-Pentan.

Zunächst bilden sich in der **Startreaktion** durch eine homolytische Spaltung des Halogens die Radikale, z. B. durch Bestrahlung von Brom mit Licht.

Startreaktion:

$$|\overline{\underline{Br}} - \overline{\underline{Br}}| \xrightarrow{\text{Licht}} 2\,|\overline{\underline{Br}}\cdot$$

Die Brom-Radikale reagieren mit einem Alkan. Aus dieser Reaktion gehen Bromwassersoff und ein Alkyl-Radikal hervor, dass wiederum mit einem Brom-Molekül zum monobromierten Alkan und einem Brom-Radikal reagiert. Das Radikal setzt die **Kettenreaktionen** fort.

Kettenreaktionen:

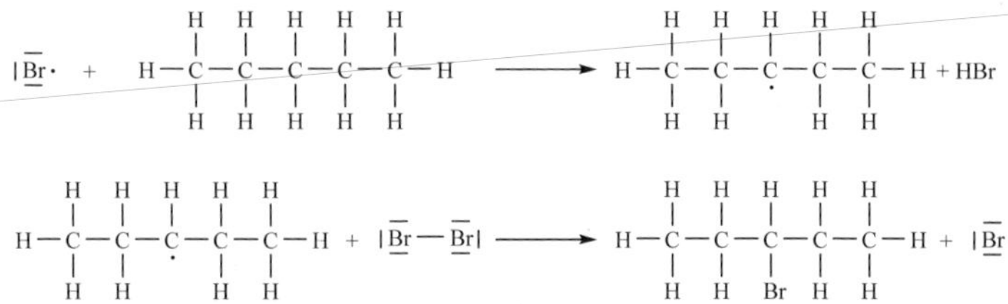

In den **Abbruchreaktionen** der radikalischen Substitution treffen zwei radikalische Teilchen aufeinander, dies verringert die Zahl der Radikale.

Abbruchreaktion:

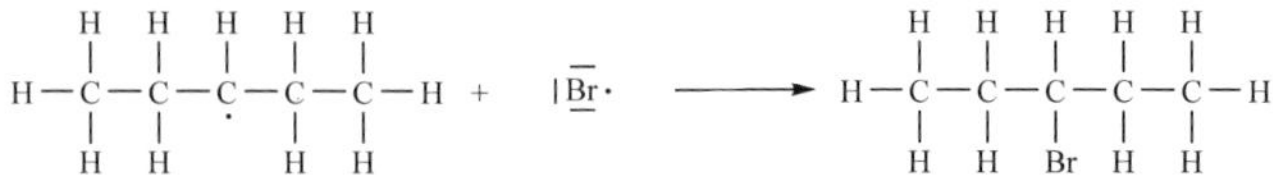

Neben den gewünschten monosubstituierten Halogenalkanen entstehen ungewünschte Nebenprodukte, da es beispielsweise in den Kettenreaktionen zu mehrfachen Halogenierungen oder z. B. durch das Aufeinandertreffen von zwei Alkylradikalen zu Kettenverlängerungen kommen kann.

Nukleophile Substitution

Die **nukleophile Substitution (S_N)** erfolgt an einem partiell positiv geladenen Kohlenstoff-Atom und kann abhängig von der Molekülstruktur des organischen Eduktes, des gewählten Lösungsmittels, der Art und Konzentration des Nukleophils nach zwei unterschiedlichen Reaktionsmechanismen verlaufen.

Die **monomolekulare nukleophile Substitution (S_N1)**, bei der der geschwindigkeitsbestimmende Reaktionsschritt von der Konzentration des zu substituierenden Eduktes abhängt, verläuft im ersten Schritt über die Bildung eines trigonal-planaren Interduktes durch die Eliminierung der Austrittsgruppe, der im zweiten Schritt eine Addition des Nukleophils folgt:

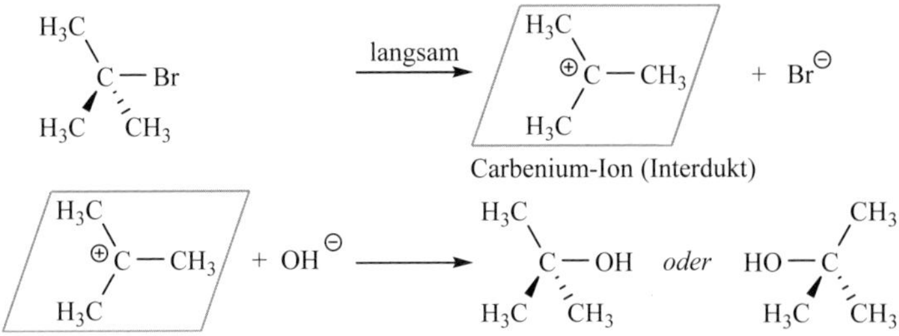

Das Nukleophil kann sich im zweiten Schritt von beiden Seiten der Ebene dem Interdukt nähern, sodass es zu einer **Inversion** (Änderung der Konfiguration – vergleichsweise wie das Umklappen eines Regenschirms) oder **Retention** (Erhalt der Konfiguration) kommen kann. Aufgrund der sterischen Hinderung durch die Austrittsgruppe kommt es jedoch gehäuft zur Inversion.

S_N1-Reaktionen finden bevorzugt an tertiären Kohlenstoff-Atomen statt, da die positiven induktiven Effekte der umgebenden Alkyl-Gruppen das tertiäre Carbenium-Ion stabilisieren.

Bei der **bimolekularen nukleophilen Substitution (S_N2)** wird in einem einschrittigen Synchronmechanismus ein Interdukt gebildet, dessen geometrische Anordnung trigonal-bipyramidal ist. Die am betroffenen Kohlenstoff-Atom verbleibenden Substituenten liegen dabei in einer Ebene. Eintritts- und Austrittsgruppe sind dabei axial schwach gebunden.

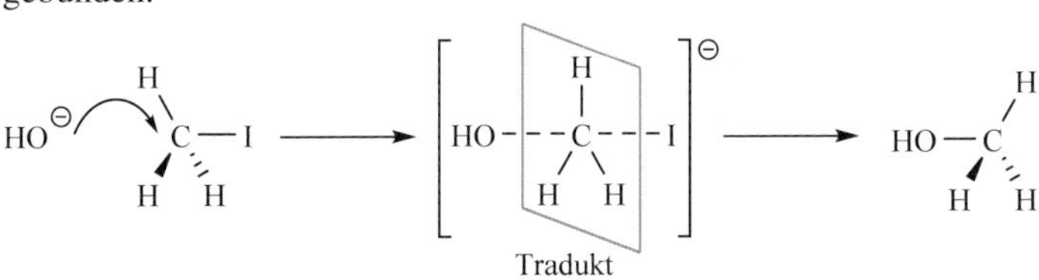

In dem Maße, wie sich das Nukleophil dem Kern nähert, entfernt sich das abgehende Teilchen oder die substituierte Gruppe, bis schließlich die Abgangsgruppe das Molekül unter Erfolgen einer Inversion verlässt. S_N2-Reaktionen finden aus sterischen Gründen bevorzugt an primären Kohlenstoff-Atomen statt.

S_N1 – begünstigt durch	S_N2 – begünstigt durch
• tertiäres Kohlenstoff-Atom • polare Lösungsmittel • niedrige Konzentration an Nukleophilen • Substitution am tertiären Kohlenstoff-Atom	• primäres Kohlenstoff-Atom • unpolare Lösungsmittel • hohe Konzentration an Nukleophilen • Substitution am primären Kohlenstoff-Atom • starke Nukleophile

Die nukleophile Substitution am sekundären Kohlenstoff-Atom kann grundsätzlich nach beiden Reaktionstypen ablaufen. Durch Wahl geeigneter Reaktionsbedingungen (siehe Tabelle) kann die Reaktion zugunsten eines Reaktionstyps beeinflusst werden.

6.2 Additionsreaktionen

Bei Additionsreaktionen werden in organischen Molekülen an Kohlenstoff-Atomen mit Mehrfachbindungen Wasserstoff-Atome oder funktionelle Gruppen zugefügt (= addiert). Bei der Reaktion eines Alkens zu einem Halogenalkan wird beispielsweise ein Halogen-Molekül an eine Doppelbindung addiert. Diese Addition kann über einen radikalischen oder elektrophilen Reaktionstyp verlaufen. Die radikalische Addition verläuft analog zur radikalischen Substitution in drei typischen Reaktionsschritten. Eine vertiefende Auseinandersetzung mit diesem Reaktionstyp findet man im Kapitel Werkstoffe (siehe S. 69 f.).

Elektrophile Addition

Die **elektrophile Addition (A_E)** läuft in zwei charakteristischen Schritten ab. Dabei wird im ersten Schritt zunächst der Kohlenwasserstoff an der Mehrfachbindung von einem Elektrophil angegriffen (geschwindigkeitsbestimmender Schritt). Wie dieser Angriff konkret erfolgt, hängt vom angreifenden Teilchen ab und wird im Folgenden genauer erläutert. Es wird ein positiv geladenes Interdukt gebildet, das durch Angriff eines Nukleophils zum Endprodukt weiterreagiert.

Addition von elementaren Halogenen:
Die **elektrophile Addition** von Halogenen an ungesättigten Kohlenwasserstoffen gelingt mit den Halogenen Chlor, Brom und Iod. Fluor weist eine zu hohe Reaktivität auf und würde nicht selektiv an der Mehrfachbindung addieren.

Im ersten Schritt der Addition tritt das Halogen-Molekül mit der Mehrfachbindung des Kohlenwasserstoffs in Wechselwirkung **(π-Komplex)** und wird dadurch polarisiert. Es kommt zur heterolytischen Spaltung des Halogen-Moleküls unter Bildung eines Interduktes.

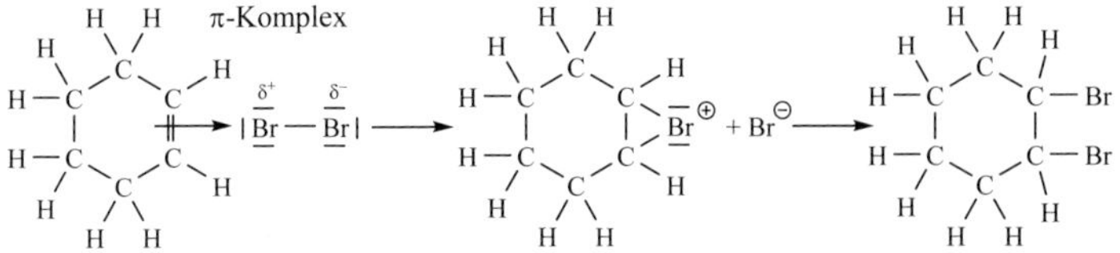

Cyclohexen — Bromonium-Ion (Interdukt) — *trans*-1,2-Dibromcyclohexan

Mit Brom und Iod werden stabile zyklische **Halonium-Ionen** (Bromonium-Ion, Iodonium-Ion) als Zwischenprodukt gebildet, das stark elektronegative Chlor bildet ein Carbenium-Ion aus. Das Interdukt reagiert in der Folge mit dem verbliebenen Halogenid-Ion zum dihalogenierten Endprodukt.
Die Ausbildung des zyklischen Halonium-Ions hat Auswirkungen auf die Stereochemie des Produktes, da aus sterischen Gründen der Angriff des Nukleophils im zweiten Reaktionsschritt von der Rückseite erfolgt. Im gegebenen Beispiel erhält man so das *trans*-Produkt der zyklischen Verbindung, bei der ein Halogen-Substituent oberhalb und der andere unterhalb der Ringebene liegt.
Der Nachweis für die kurzlebigen Interdukte kann durch Zugabe konkurrierender Nukleophile erfolgen, die im zweiten Reaktionsschritt addieren. Man erhält so gemischte Additionsprodukte.
Radikalische und elektrophile Addition konkurrieren bei der Halogenierung und können durch Wahl geeigneter Versuchsparameter jeweils begünstigt werden.

A_R begünstigt durch	A_E begünstigt durch
• (UV)-Licht, Hitze • unpolare Lösungsmittel	• Lichtausschluss • polare Lösungsmittel

Addition von Halogenwasserstoff:

Die Addition von Halogenwasserstoff führt zu einem monohalogenierten Produkt. Halogenwasserstoffe liegen bereits polarisiert vor. Das Proton greift im ersten Schritt die Mehrfachbindung elektrophil unter Bildung eines Carbenium-Ions (Interdukt) an. Im zweiten Schritt erfolgt die Addition des Säurerest-Anions zum Endprodukt.

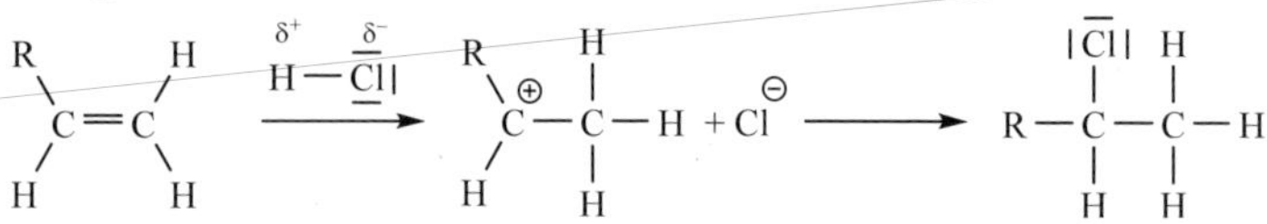

Beim Interdukt werden bevorzugt die stabileren Carbenium-Ionen gebildet (tertiäres > sekundäres > primäres Carbenium-Ion), sodass von den zwei möglichen Produkten der Hydrohalogenierung eines bevorzugt entsteht.

> **Markownikow-Regel:** Bei der Addition von Halogenwasserstoff an unsymmetrische Alkene wird das Wasserstoff-Atom immer an das bereits wasserstoffreichere Kohlenstoff-Atom gebunden.
>
> Eselsbrücke: *Wer hat, dem wird gegeben.*

Addition von Wasser:

Die Addition von Wasser an Alkenen verläuft aufgrund der Nukleophilie des Wassers nur säurekatalysiert und führt zur Bildung von Alkoholen. Die Reaktion verläuft analog zu den bereits vorgestellten Additionsreaktionen.

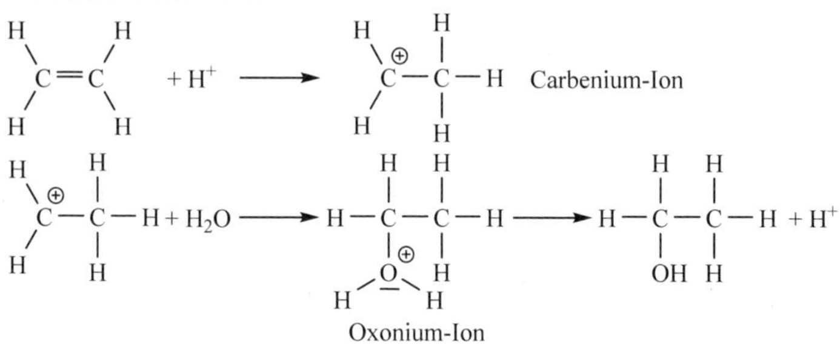

6.3 Eliminierungsreaktionen

Die Eliminierungsreaktion stellt die Umkehrreaktion zur Additionsreaktion dar. Durch Abspaltung von zwei Atomen oder funktionellen Gruppen aus dem organischen Molekül werden C–C-Mehrfachbindungen ausgebildet. So verläuft beispielsweise die säurekatalysierte Dehydratisierung von Alkoholen bei hohen Temperaturen in umgekehrter Reaktionsschrittfolge zur Addition von Wasser an Alkenen ab.

6.4 Kondensationsreaktionen

Unter einer Kondensationsreaktion versteht man im klassischen Sinne eine Reaktion, bei der sich zwei Moleküle unter Abspaltung von Wasser miteinander verbinden. Weitergefasst kann man den Kondensationsreaktionen auch solche Reaktionen zuordnen, bei denen neben dem organischen Produkt niedermolekulare Stoffe, wie Halogenwasserstoffe, Ammoniak oder Kohlenstoffdioxid, als weitere Kondensationsprodukte entstehen. Ein typisches Beispiel stellt die **Veresterungsreaktion** dar.

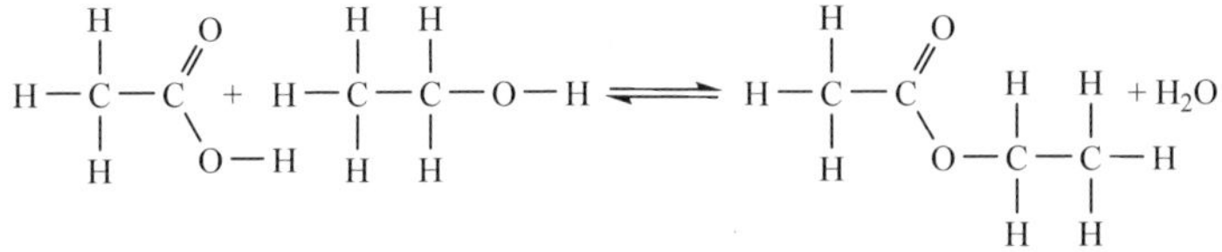

7 Das aromatische System

Die Kennzeichen aromatischer Systeme sind allgemein:

- eine planare Molekülstruktur
- ein cyclisches π-Elektronensystem
- die Anzahl der delokalisierten π-Elektronen entspricht der Formel $4n + 2$ (**HÜCKEL-Regel**) mit $n = 0, 1, 2, \ldots$

7.1 Benzol

Für das Benzol wurde im 19. Jahrhundert die Summenformel C_6H_6 bestimmt. Seine chemischen Eigenschaften ließen erwarten, dass es sich um ein ringförmiges, dreifach ungesättigtes Molekül handelte – eine Idee, die auf AUGUST KEKULÉ zurückgeht. Es konnte jedoch nicht Cyclohexa-1,3,5-trien mit lokalisierten (ortsfesten) Doppelbindungen sein, da das nicht mit den experimentellen Befunden übereinstimmte.

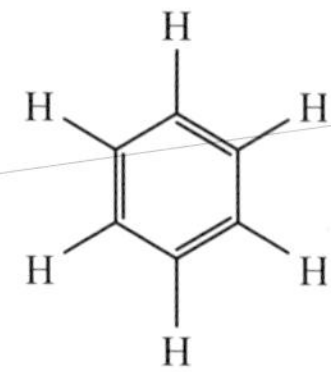

Hypothetisches Cyclohexa-1,3,5-trien

Hydrierungsenthalpie von Benzol

Benzol kann mit Wasserstoff vollständig zu Cyclohexan umgesetzt und die dabei freigesetzte Wärmemenge gemessen werden.
Die Hydrierungsenthalpie einer isolierten Doppelbindung im Cyclohexen beträgt $-120\ \text{kJ} \cdot \text{mol}^{-1}$. Wenn Benzol nun eine Struktur mit lokalisierten Doppelbindungen aufwiese, so sollte die Hydrierungsenthalpie ungefähr den dreifachen Wert, also $-360\ \text{kJ} \cdot \text{mol}^{-1}$, betragen.
Das Experiment liefert aber eine viel kleinere Hydrierungsenthalpie ($-209\ \text{kJ} \cdot \text{mol}^{-1}$), d. h., das Benzol-Molekül ist deutlich stabiler als das hypothetische Cyclohexa-1,3,5-trien.

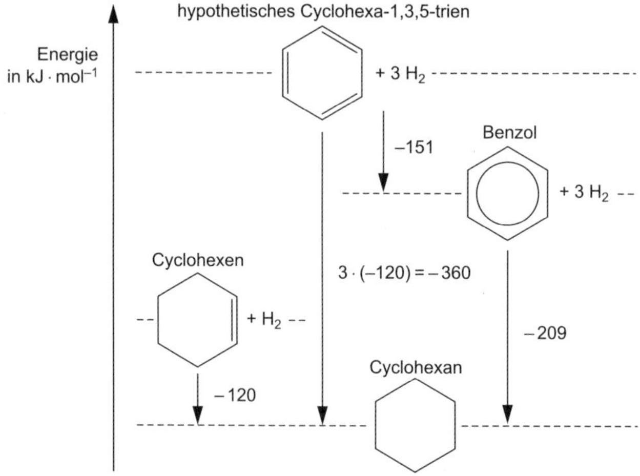

Formel und Molekülbau von Benzol

Im Benzolring sind alle Kohlenstoff-Kohlenstoff-Bindungen äquivalent und gleich lang. Die C–C–C-Bindungswinkel betragen 120°, wodurch das Molekül ein ebenes Sechseck bildet.
In der Valenzstrichschreibweise wird das Benzolmolekül durch zwei mesomere Grenzstrukturen dargestellt.

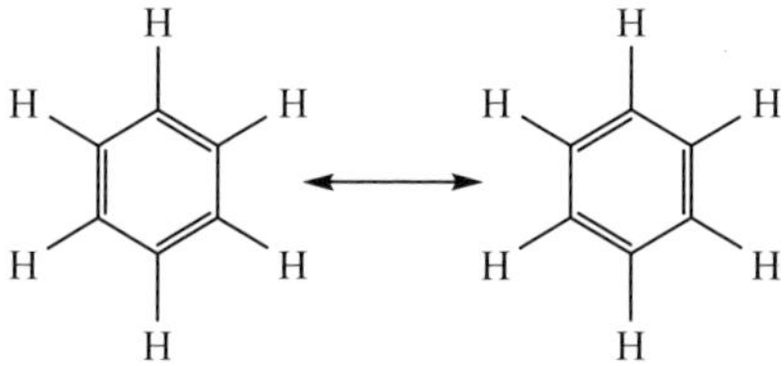

Die Energie des cyclischen π-Elektronensystems ist geringer als die Bindungsenergie im hypothetischen Cyclohexa-1,3,5-trien mit lokalisierten Doppelbindungen. Deshalb spricht man von einer Mesomeriestabilisierung. Die Differenz zwischen den Hydrierungswärmen von Benzol und dem hypothetischen Cyclohexa-1,3,5-trien kann als ein Maß für die Größe der Mesomeriestabilisierung interpretiert werden.

Um die Bindungsverhältnisse auch auf dem Papier besser und einfacher abzubilden, zeichnet man statt der Valenzstriche einen Kreis in das Sechseck des Ringgerüstes.

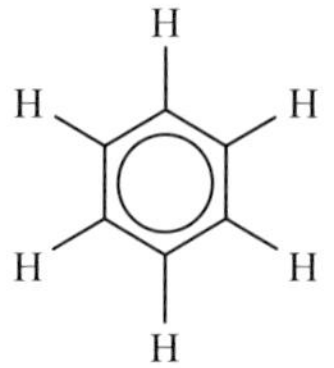

Benzolmolekül

Übliche Kurzschreibweise

7.2 Elektrophile Erstsubstitution am Aromaten

Die besondere Stabilität des Benzols zeigt sich beispielhaft in Bromierungsexperimenten: Während etwa Cyclohexen Bromwasser sofort entfärbt, ist dies bei Benzol nicht der Fall. Außerdem wird bei der Bromierung von Alkenen die Doppelbindung unter Addition zweier Brom-Atome gelöst (elektrophile Addition), während die katalysierte Bromierung von Benzol ein Substitutionsprodukt ergibt, in dem das aromatische Elektronensystem erhalten bleibt. Bei dieser Reaktion handelt es sich um eine **elektrophile aromatische Substitution (S_E)**. Die elektrophile Substitution am aromatischen System verläuft allgemein in zwei Schritten ab:

Zunächst tritt ein **Elektrophil (E^+)** mit dem Elektronensystem des Aromaten in Wechselwirkung **(π-Komplex)**. Aus diesem bildet sich unter Aufhebung der Aromatizität ein mesomeriestabilisierter **σ-Komplex**, ein Arenium-Ion mit delokalisierter positiver Ladung im zyklischen System.

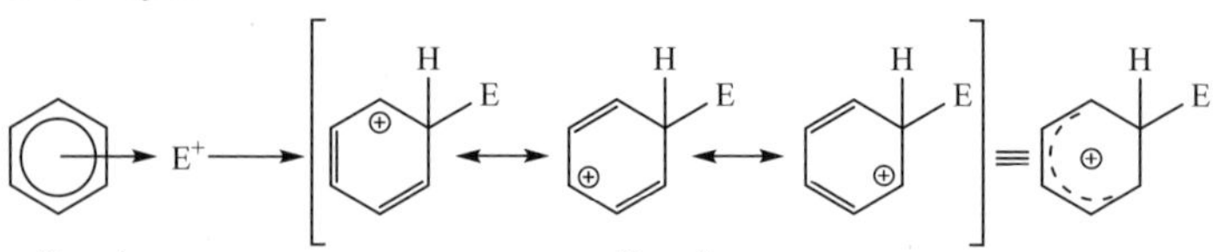

π-Komplex σ-Komplex

Im zweiten Schritt der Substitution erfolgt die Wiederherstellung des aromatischen Zustands **(Rearomatisierung)** unter Eliminierung eines Protons.

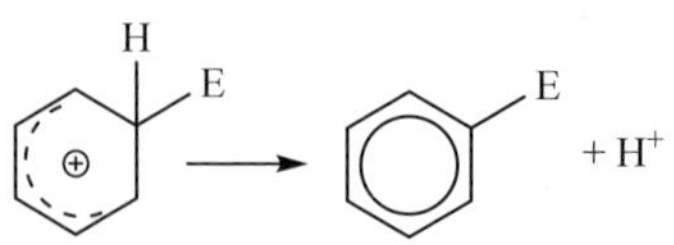

Als Elektrophile kommen für die elektrophile aromatische Substitution eine Vielzahl an Teilchen infrage. Häufig entstehen diese durch eine der Substitution vorausgehende Reaktion. Einige wichtige Beispiele für Elektrophile und deren Synthese werden im Folgenden aufgeführt.

Halogenierung (Halogen-Gruppe): Bildung eines Halogen-Kations unter Verwendung einer LEWIS-Säure als Katalysator (Beispiel Brom)

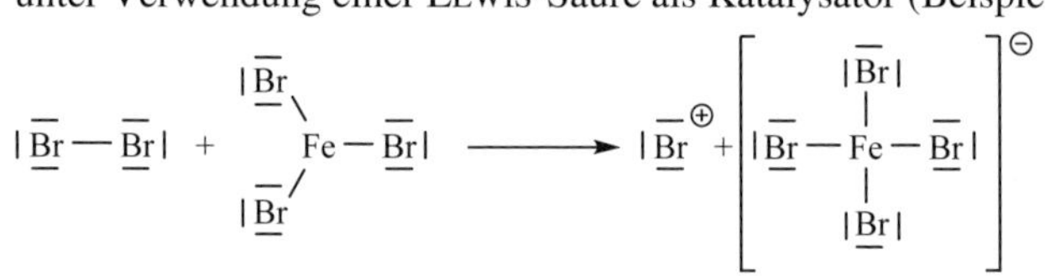

Friedel-Crafts-Alkylierung (Alkyl-Gruppe): Bildung eines Carbenium-Ions unter Verwendung einer Lewis-Säure als Katalysator (Beispiel Chlorethan)

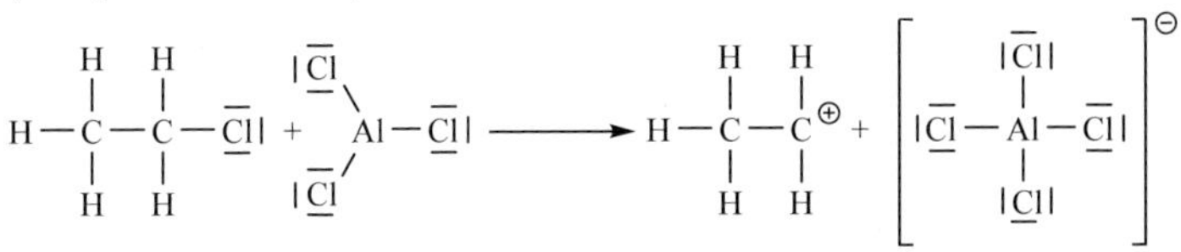

Säurekatalysierte Alkylierung (Alkyl-Gruppe): Bildung eines Carbenium-Ions aus Alkoholen (Beispiel iso-Propanol)

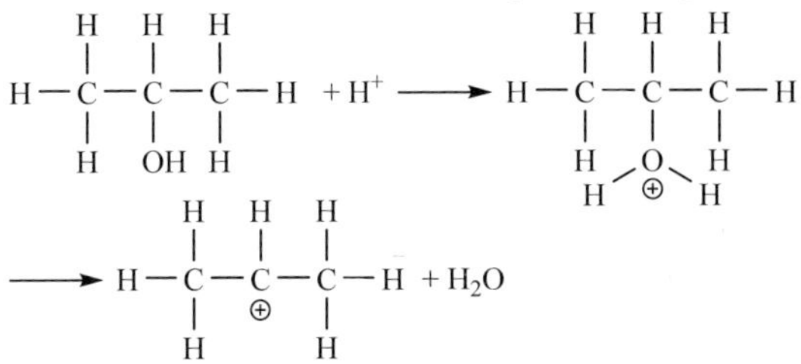

Nitrierung (Nitro-Gruppe): Bildung eines Nitronium-Ions durch Protonierung von Salpetersäure

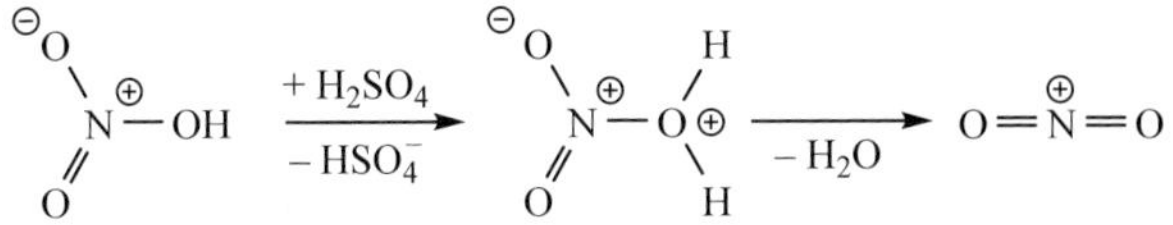

Sulfonierung (Sulfonsäure-Gruppe): Schwefeltrioxid-Moleküle aus rauchender Schwefelsäure

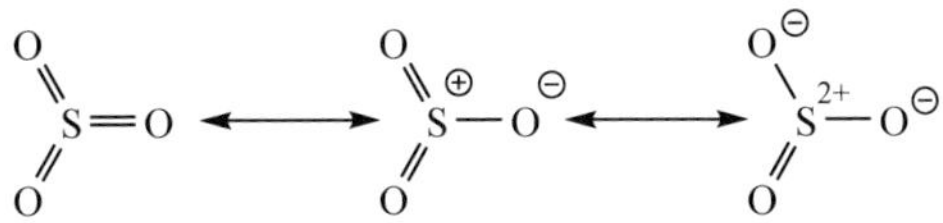

7.3 Elektrophile Zweitsubstitution am Aromaten

Substituenten am aromatischen System beeinflussen weitergehende Substitutionen, indem sie die Elektronendichte erhöhen und so eine weitere Substitution erleichtern **(Aktivierung)** oder die Elektronendichte verringern und so eine weitere Substitution erschweren **(Desak-**

tivierung). Die Elektronendichte im aromatischen System wird zum einen durch den induktiven Effekt der Substituenten beeinflusst, zum anderen durch den vergleichsweise stärkeren **mesomeren Effekt**.

Mesomerer Effekt

Substituenten an aromatischen Systemen können deren mesomeren Elektronensysteme erweitern und beeinflussen. Solche mit freien Elektronenpaaren am an das aromatische System bindende Atom können einen elektronenschiebenden, positiven mesomeren Effekt **(+M-Effekt)** ausüben. Substituenten, die Mehrfachbindungen aufweisen, können einen elektronenziehenden, negativen mesomeren Effekt **(–M-Effekt)** ausüben.

+M-Effekt	**–M-Effekt**
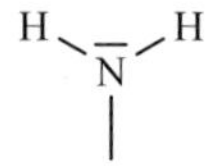 Amino-Gruppe	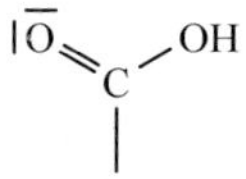 Carboxy-Gruppe
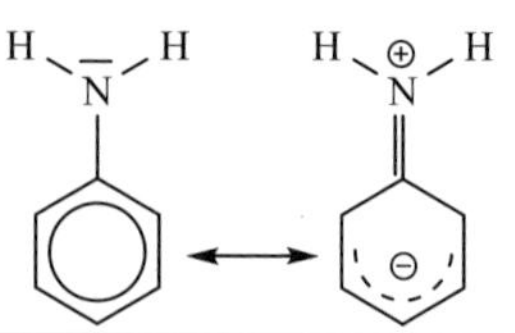	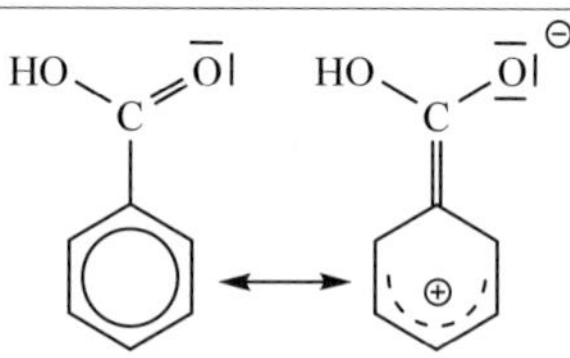
Aktivierung durch Erhöhung der Elektronendichte im aromatischen System	Desaktivierung durch Verringerung der Elektronendichte im aromatischen System

Außerdem haben die Substituenten eine **dirigierende Wirkung** auf weitere Substituenten, die ebenfalls von der Art des mesomeren Effektes abhängt. Dies lässt sich mithilfe der Grenzstrukturen der σ-Komplexe bei der Zweitsubstitution in unterschiedlichen Stellungen erläutern.

Anilin:

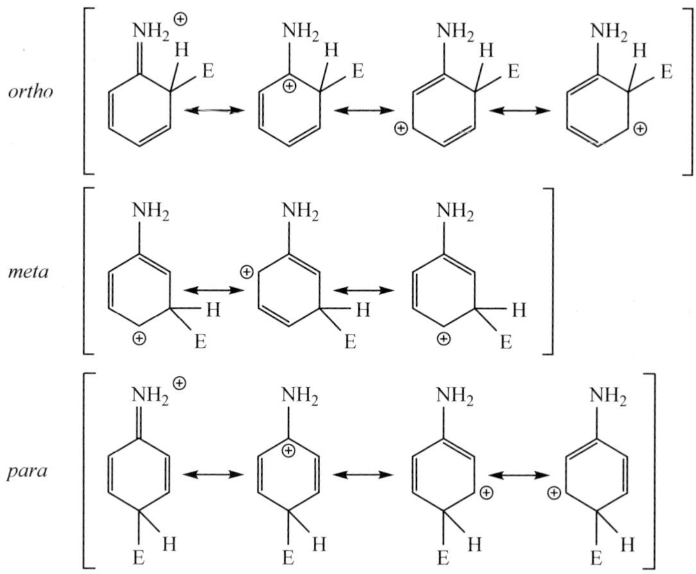

Am Beispiel des Anilins kann man anhand der Grenzstrukturen erkennen, dass eine Substitution in *ortho-* oder *para*-Stellung aufgrund der Amino-Gruppe mit +M-Effekt eine weiterreichende Delokalisation der positiven Ladung zulässt. Dies ist energetisch günstig und der σ-Komplex ist gegenüber einem meta-substituierten Zwischenprodukt stärker stabilisiert. Es bilden sich bei der Zweitsubstitution am Anilin bevorzugt *ortho-* und *para*-Produkte.

Das genaue Verhältnis von *ortho-* und *para*-Produkten ist abhängig davon, wie raumgreifend der Erstsubstituent ist. Man erwartet zunächst, dass die *ortho*-Produkte doppelt so häufig auftreten, da diese Stellung aufgrund der Symmetrie zweimal vorliegt, die *para*-Stellung nur einmal. Treten jedoch sterische Hinderungen durch den zur *ortho*-Stellung benachbarten Erstsubstituenten auf, so kann das Verhältnis zugunsten des *para*-Produktes verschoben werden.

Nitrobenzol:

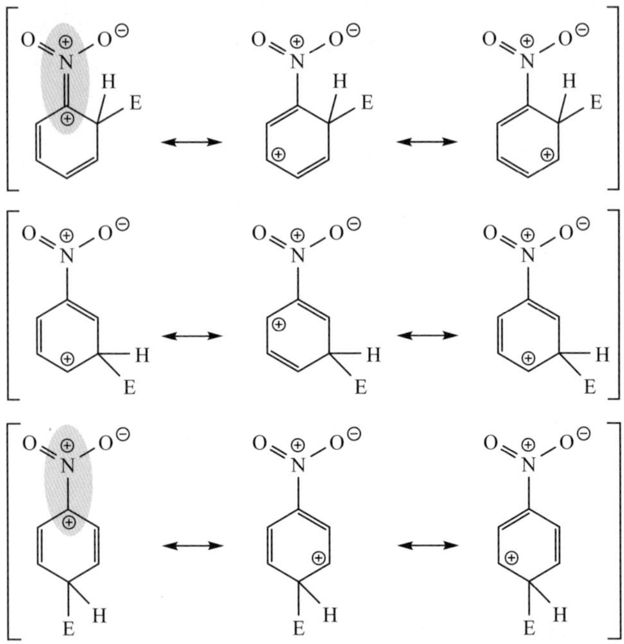

ortho

meta

para

Die Grenzstrukturen des σ-Komplexes bei der Zweitsubstitution am Nitrobenzol, dessen Nitro-Gruppe einen –M-Effekt ausübt, zeigen, dass bei der Substitution in *ortho*- und *para*-Position eine positive Ladung am direkt benachbarten Atom des ebenfalls positiv geladenen Atoms des Erstsubstituenten auftritt. Solche Strukturen sind sehr energiereich und damit deutlich weniger stabil als die anderen beiden Grenzstrukturen. Sie treten deshalb nur sehr unwahrscheinlich auf. Die Delokalisation der Elektronen und Ladungen ist hier im Vergleich zum Interdukt der *meta*-Substitution eingeschränkt. Daher findet die Substitution in *meta*-Stellung bevorzugt statt.

Bei der elektrophilen aromatischen Zweitsubstitution dirigieren Erstsubstituenten mit **+M-Effekt** den Zweitsubstituenten bevorzugt in *ortho*- oder *para*-Stellung.
Erstsubstituenten mit **–M-Effekt** dirigieren bevorzugt in *meta*-Position.

Effekt	Bsp. Substituenten	Reaktivität/ Direktion
+I-Effekt, keinen M-Effekt	• Alkyl-Gruppen	aktivierend o-, p-Stellung
–I-Effekt > +M-Effekt	• Halogen-Gruppen	desaktivierend o-, p-Stellung
–I-Effekt < +M-Effekt	• Hydroxy-Gruppe • Amino-Gruppe	aktivierend o-, p-Stellung
–I-Effekt, –M-Effekt	• Nitro-Gruppe • Carboxy-Gruppe • Ester-Gruppe • Carbonyl-Gruppe • Sulfonsäure-Gruppe	desaktivierend m-Stellung

Einige funktionelle Gruppen können als Säuren oder Basen wirken und dadurch ihre Eigenschaften hinsichtlich der induktiven und mesomeren Effekte verändern.

Wird beispielsweise im sauren Milieu die Amino-Gruppe protoniert, so steht kein freies Elektronenpaar mehr zur Verfügung und die Gruppe verliert ihren +M-Effekt. Sie wirkt nun desaktivierend auf das aromatische System und dirigiert Zweitsubstituenten bevorzugt in *meta*-Stellung.

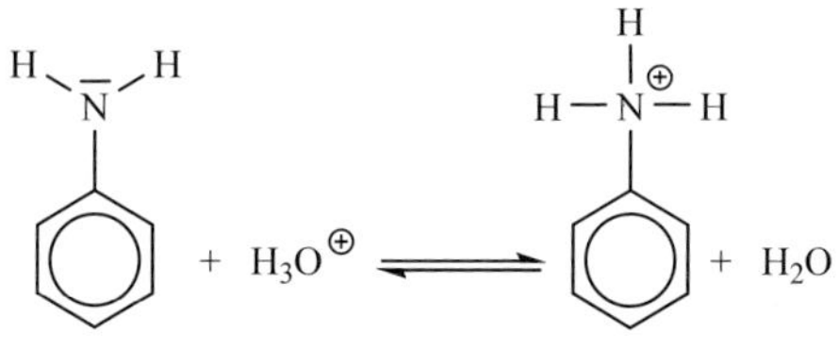

Wirkt Phenol als Säure und reagiert zum Phenolat-Ion, so verliert der Substituent seinen –I-Effekt. Die Elektronendichte im aromatischen System wird erhöht, was eine höhere Reaktivität hervorruft, da der +M-Effekt erhalten bleibt.

Werkstoffe

Schon gewusst?

❶ Polymere werden in Kettenwachstumsreaktionen (z. B. **radikalische Polymerisation**) oder Stufenwachstumsreaktionen **(Polykondensation, Polyaddition)** hergestellt.

❷ Polymere können nach ihren Eigenschaften in Thermoplaste, Elastomere, Duroplaste und thermoplastische Elastomere eingeteilt werden.

1 Wichtige Begriffe

Begriff	Erläuterung
Kunststoff	Die Begriffe „Polymer" und „Kunststoff" werden mehr oder weniger synonym verwendet; „Kunststoff" betont aber noch mehr den Werkstoffcharakter des Materials.
Polymer	Ein Polymer ist eine Substanz, die aus chemisch einheitlichen organischen Makromolekülen aufgebaut ist. Die Makromoleküle haben dabei nicht alle die gleiche Molekülmasse (und Kettenlänge). Daher sind Polymere durch eine mittlere Molekülmasse charakterisiert.
Makromolekül	Makromoleküle (= „große" Moleküle) sind langkettige organische, aus sich wiederholenden Einheiten (= Bausteine) aufgebaute Moleküle. Ab einer Molekülmasse von 1 000 u spricht man von Makromolekülen. Die Moleküle, deren Verknüpfung zu einem Makromolekül führt, nennt man **Monomere** (= Einzelbaustein von griech. „ein Teil").

Stufenwachstumsreaktionen	Bei Stufenwachstumsreaktionen reagieren die Monomere zunächst zu kurzkettigen Di-, Tri- und Oligomeren und erst gegen Ende der Reaktion zu langkettigen Makromolekülen. Beispiele: **Polyaddition, Polykondensation**
Kettenwachstumsreaktionen	Bei Kettenwachstumsreaktionen verlängert sich eine Kette an ihrem reaktiven Ende immer weiter. Beispiel: **Radikalische Polymerisation**

2 Polymere aus Kettenwachstumsreaktionen

Viele Alkene (bzw. deren Derivate) können über die **radikalische Polymerisation** zu Makromolekülen verknüpft werden, aber nicht in allen Fällen erhält man dabei Polymere, die für die Verwendung als Werkstoff geeignet sind.

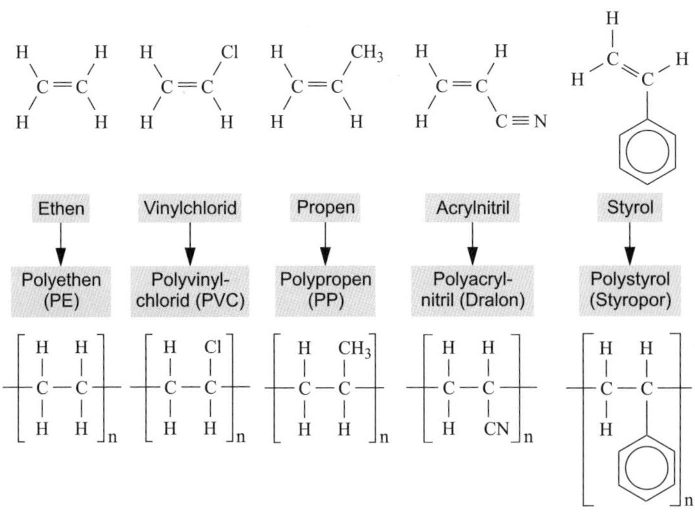

Polystyrolsynthese mit dem Radikalbildner Dibenzoylperoxid:

1. **Bildung der Start-Radikale:** Der Radikalbildner Dibenzoylperoxid zerfällt beim Erwärmen oder bei Belichtung in zwei **Benzoyloxy-Radikale**, die stabil genug sind, um den Kettenstart zu bewirken. Nur wenn nicht genügend Styrol-Monomere vorhanden sind, zerfällt das Benzoylperoxid weiter. Die Phenyl-Radikale können sich dann zum giftigen Biphenyl vereinigen.

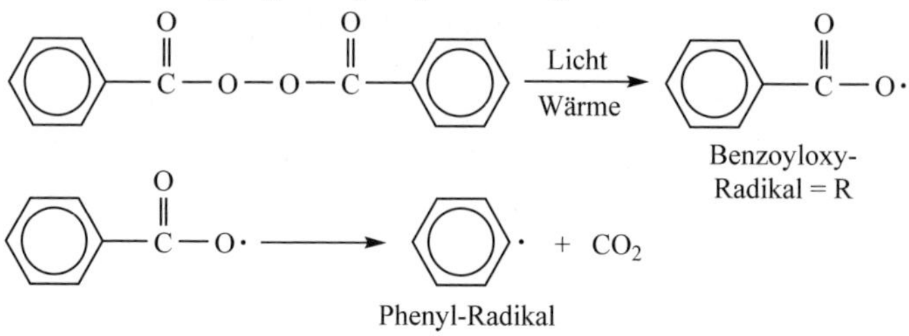

2. **Kettenstart (Initiation):** Ein Radikal trifft auf ein Styrol-Molekül (Monomer) und reagiert zu einem neuen (größeren) Radikal:

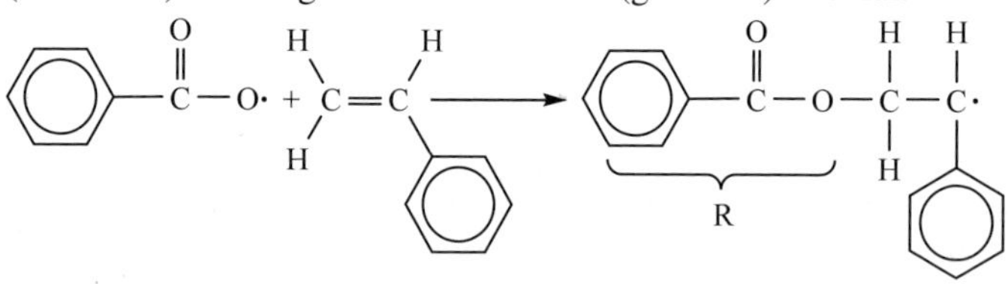

3. **Kettenwachstum oder -verlängerung:** Das größere Radikal reagiert mit einem weiteren Monomer. Die Kette wächst also an ihrem reaktiven Ende. Es entstehen Makromoleküle mit großer Molekülmasse. Ein Formelausschnitt wird mit dem Baustein in eckigen Klammern dargestellt.

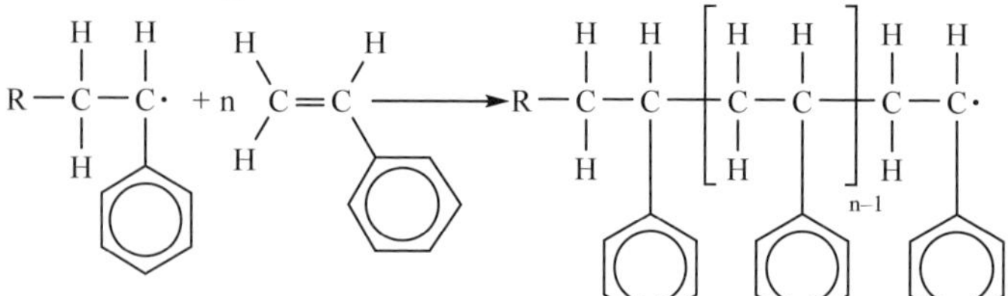

Bei diesem Prozess entsteht ein **Gemisch aus Makromolekülen unterschiedlicher Länge**. Die Eigenschaften des Kunststoffs hängen von der mittleren Kettenlänge der Moleküle im Polymer ab.

4. **Kettenabbruch:**
   Eine mögliche Reaktion ist die **Rekombination:**

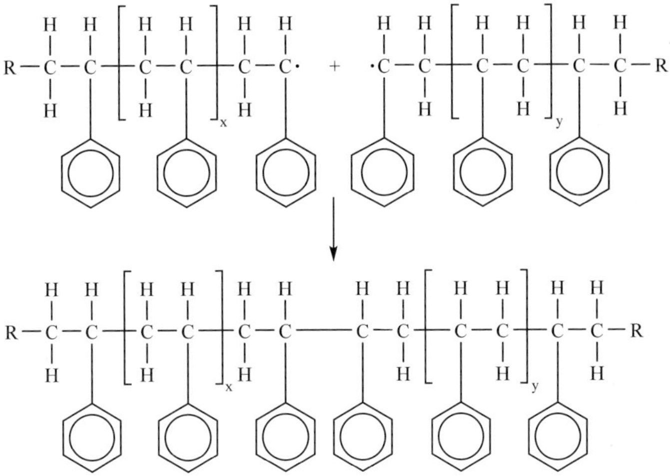

Sogenannte **Disproportionierungsreaktionen** reduzieren ebenfalls die Anzahl der reaktiven Radikale, z. B.:

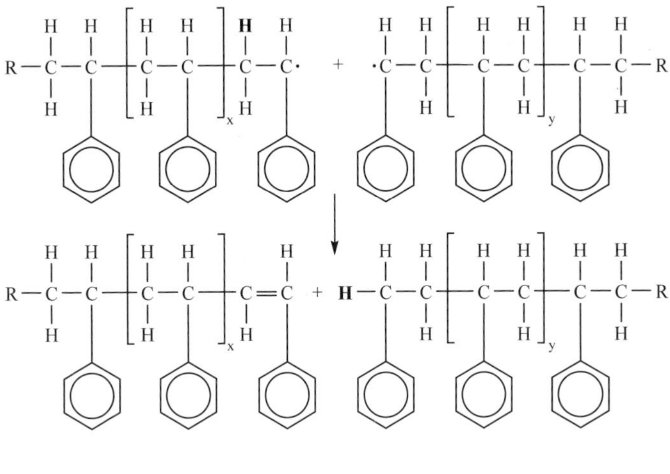

3 Polymere aus Stufenwachstumsreaktionen

Stufenwachstumsreaktionen verlaufen zunächst unter Bildung von Dimeren, Trimeren und Oligomeren, bevor aus diesen gegen Ende der Reaktion lange Ketten gebildet werden:

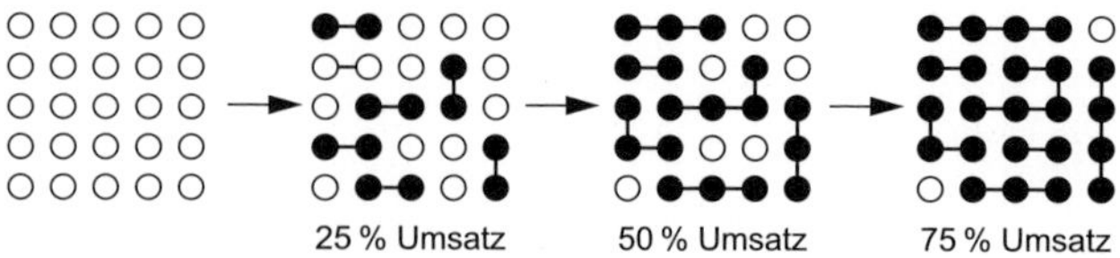

Schema einer Stufenwachstumsreaktion: Von links nach rechts: Unverknüpfte Monomere; Bildung von Dimeren, Trimeren und Oligomeren.

3.1 Polykondensation

Bei der Polykondensation werden Monomer-Moleküle mit mindestens zwei funktionellen Gruppen **unter Abspaltung eines niedermolekularen Stoffs** (z. B. Wasser) miteinander verknüpft. Dadurch entsteht im resultierenden Polymer eine neue funktionelle Gruppe.

Polyamide, Polyester und Polycarbonate

Für die Synthese werden Monomere mit mindestens zwei funktionellen Gruppen benötigt. Entweder werden zwei Monomere verwendet oder es polymerisieren identische Moleküle mit zwei verschiedenen funktionellen Gruppen miteinander.
Die Polykondensation von Diaminen mit Dicarbonsäuren ergibt **Polyamide**, die eine **Amidbindung** enthalten.
Bei der Polykondensation von Diolen mit Dicarbonsäuren entstehen Polyester, deren Monomere über eine Esterbindung verknüpft sind.
Aus Phosgen (Säurechlorid der Kohlensäure) und Diolen entstehen in der Polykondensation **Polycarbonate**.

	Nylon 6,6
Monomere	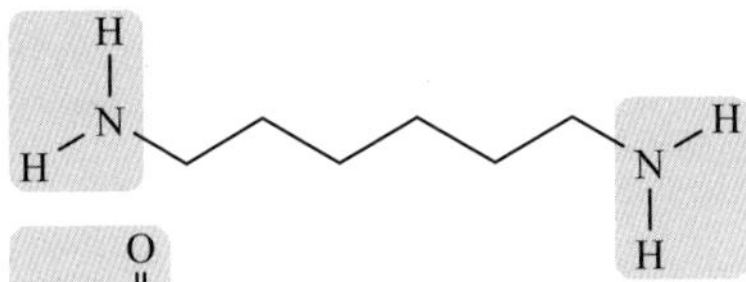 Amino-Gruppen 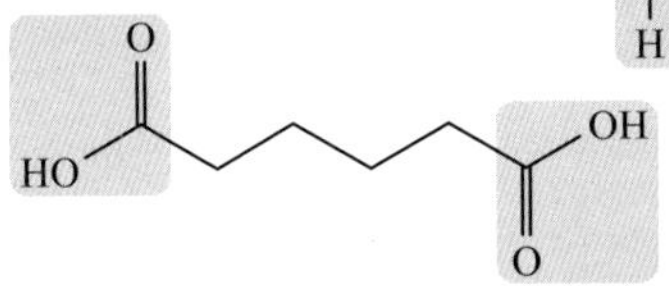 Carboxy-Gruppen
Polymer	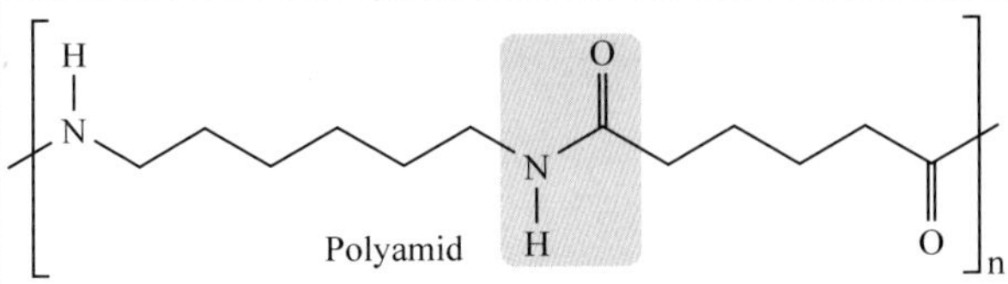 Polyamid

	PET (Polyethylenterephthalat)
Monomere	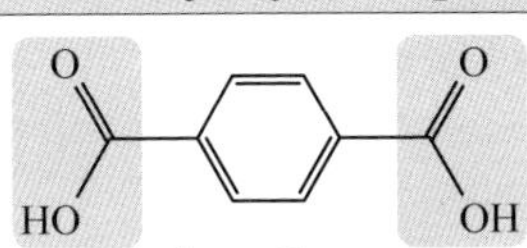 Carboxy-Gruppen 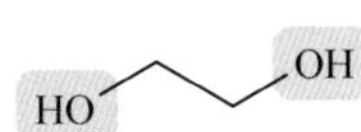 Hydroxy-Gruppen
Polymer	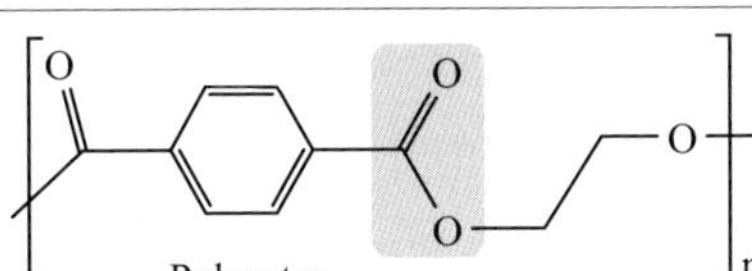 Polyester

	PC (Polycarbonat)	
Monomere	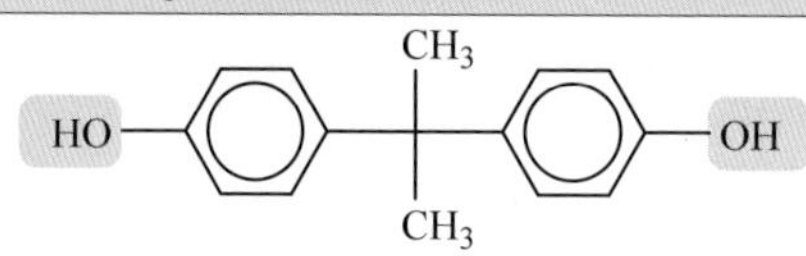 Hydroxy-Gruppen	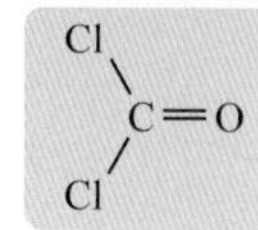 Chlorcarbonyl-Gruppen
Polymer	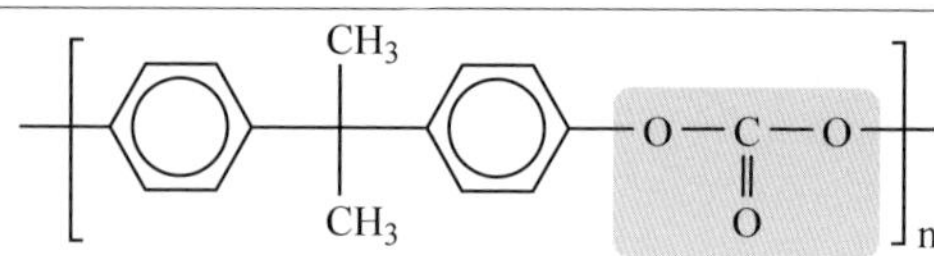	Polycarbonat

3.2 Polyaddition

Es werden verschiedene Eduktmoleküle mit mindestens zwei funktionellen Gruppen verknüpft. Dabei werden **keine** kleineren Moleküle abgespalten.

Polyurethan: Edukte sind Diole und Diisocyanate.

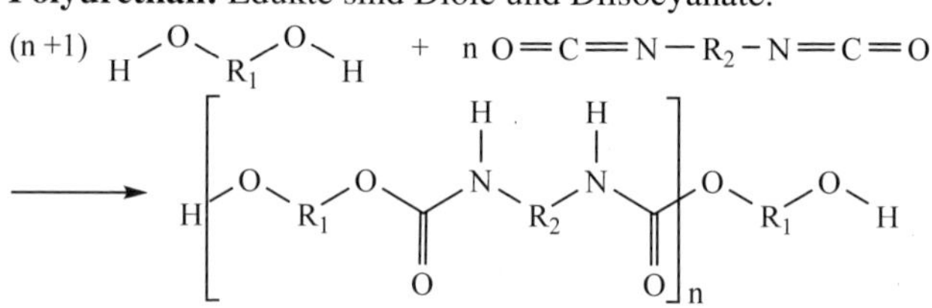

Um eine Schaumbildung bei Polyurethanen zu generieren (PU-Schaum), wird dem Reaktionsgemisch eine bestimmte Menge Wasser zugesetzt.

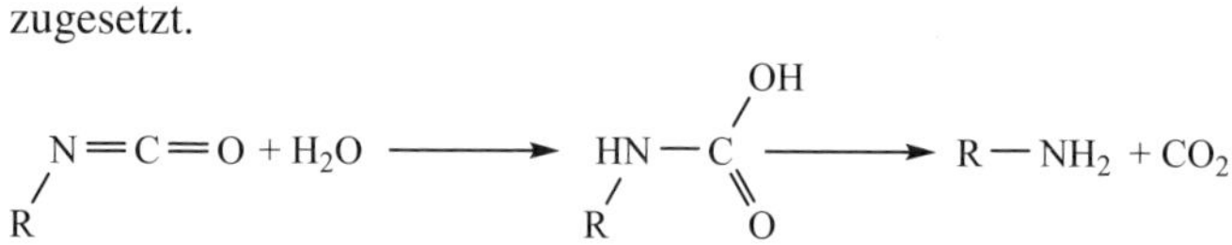

Das Wasser reagiert mit der Isocyanat-Gruppe zu einer instabilen Carbamidsäure, die unter Abspaltung von Kohlenstoffdioxid zu einem Amin zerfällt.

4 Struktur und Eigenschaften von Kunststoffen

Die Eigenschaften eines Polymers werden wesentlich durch die Anordnung seiner Makromolekülketten im Festkörper bestimmt. Fehlt eine Fernordnung der Ketten, d. h. liegen sie mehr oder weniger zufällig orientiert nebeneinander, so ist das Polymer amorph (z. B. Acrylnitril-Butadien-Styrol-Copolymere). Viele Polymere zeigen kristalline Strukturbereiche, die durch zwischenmolekulare Wechselwirkungen stabilisiert werden (z. B. HD-Polyethylen).
Der molekulare Aufbau eines Polymers bestimmt seine mechanischen und thermischen Eigenschaften. Eine diesbezügliche Grobeinteilung ist in den nachfolgenden Tabellen gegeben (siehe Kapitel 4.1).

Einige Duroplaste können aus thermoplastischen Polymeren hergestellt werden. Die Ketten des Thermoplasten müssen dafür eine freie funktionelle Gruppe (z. B. eine Hydroxy-, Amino- oder Carbonsäure-Gruppe) oder eine Doppelbindung enthalten. Bei der Verknüpfung der Ketten entstehen kovalente Bindungen und man erhält ein dreidimensionales Netzwerk.

Aus Naturkautschuk (unvernetztes Polyisopren) lässt sich durch Behandlung mit Schwefel (Vulkanisation) **Gummi** gewinnen. Dabei werden die Polyisopren-Ketten über Schwefelbrücken miteinander verknüpft. Aus dem viskoelastischen Naturkautschuk wird das gummielastische Material.

Natur-kautschuk

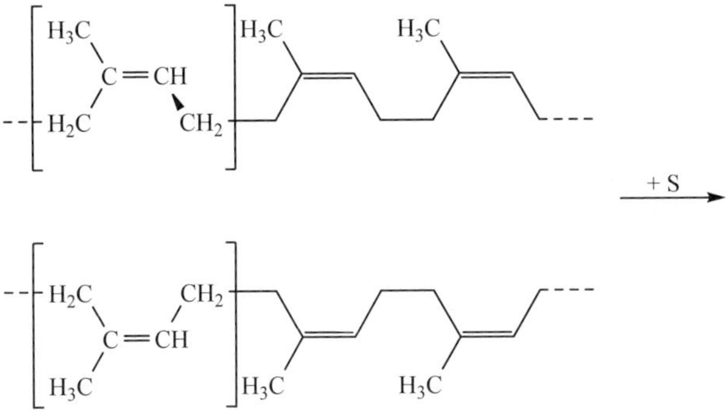

Gummi

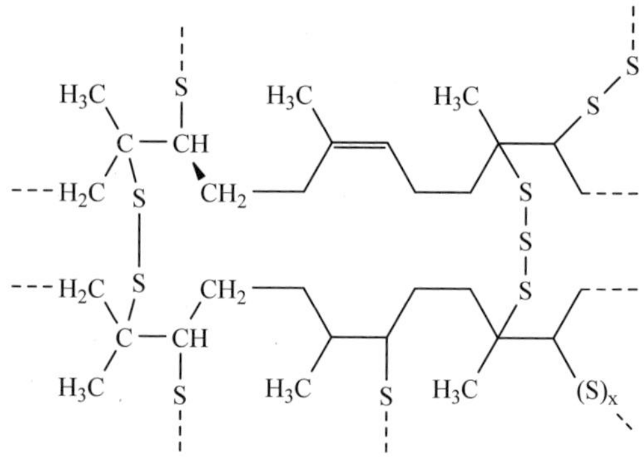

4.1 Mechanische und thermische Eigenschaften von Kunststoffen

	Thermoplastische Polymere	
Aufbau	Amorph	Teilkristallin
Modell		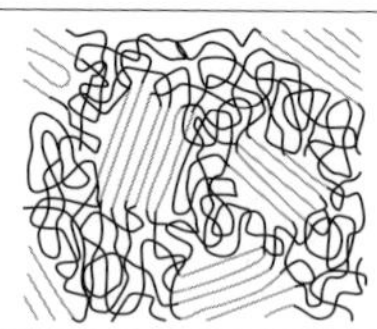
Bindungen zwischen den Ketten	Zwischenmolekulare Wechselwirkungen	Zwischenmolekulare Wechselwirkungen
Beispiele	ABS-Copolymere, PVC	Polyethylen, Polyester, Polyamide
Verhalten beim Erhitzen	Schmelzbereich	Schmelztemperatur
Verformbarkeit	Ja. Können in geschmolzenem Zustand in eine neue Form gebracht werden, die nach dem Abkühlen erhalten bleibt.	

	Duroplastische Polymere	**Duroplastische Elastomere**
Aufbau	Dreidimensionales Netzwerk	Dreidimensionales Netzwerk, Ketten geknäuelt
Modell	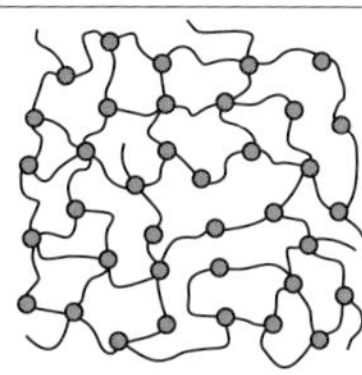	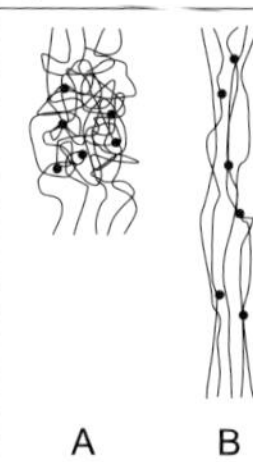 links: ohne mechanische Last rechts: mit Zuglast
Bindungen zwischen den Ketten	Kovalent, engmaschig	Kovalent, weitmaschig
Beispiele	Glyptalharze, UP-Harze	Gummi (vulkanisierter Kautschuk)
Verhalten beim Erhitzen	Zersetzung	Zersetzung
Verformbarkeit	Nein	Kehrt nach Verformung in den ursprünglichen Zustand zurück (die potenzielle Energie „steckt“ in den gestreckten Ketten).

	Thermoplastische Elastomere
Aufbau	Hartsegmente (kristallin), Weichsegmente (± geknäuelte Ketten)
Modell	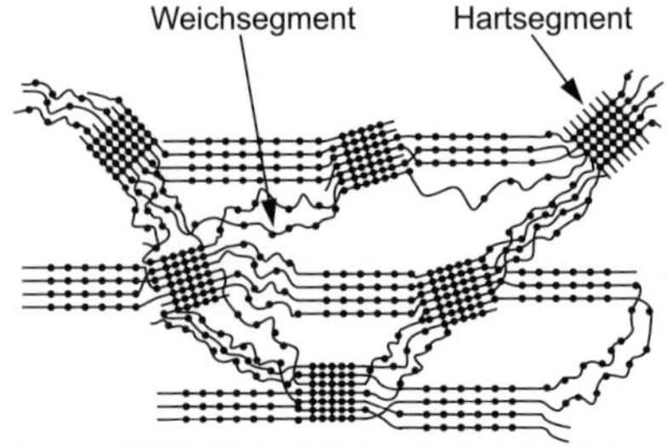
Bindungen zwischen den Ketten	Zwischenmolekulare Wechselwirkungen
Beispiele	Thermoplastische Polyurethane
Verhalten beim Erhitzen	Schmelzbereich
Verformbarkeit	Können in geschmolzenem Zustand in eine neue Form gebracht werden, die nach dem Abkühlen erhalten bleibt. Das Polymer zeigt aber zusätzlich elastische Verformbarkeit.

4.2 Zwischenmolekulare Wechselwirkungen in Kunststoffen und ihre Auswirkungen auf die Materialeigenschaften

In der Regel ist es schwierig, aus dem Aufbau aus bestimmten Monomeren eine Vorhersage über die Eigenschaften des resultierenden Polymers zu treffen. Es gibt aber einige Beispiele, in denen eine Korrelation zwischen dem Auftreten bestimmter Strukturelemente und dem Schmelzpunkt möglich ist; siehe Tabelle S. 80 und 81.

- **Vergleich von PET mit Poly(ethylenadipat):**
  Die Dicarbonsäure ist in beiden Polymeren ungefähr gleich lang. Der Schmelzpunkt von PET liegt trotzdem viel höher, weil der Koh-

lenwasserstoff-Teil zwischen den Ester-Gruppen im PET starr ist, im Poly(ethylenadipat) jedoch flexibel.

- **Vergleich von PET mit Poly(butylenterephthalat):**
  Die Dicarbonsäure ist in beiden Polymeren gleich, beim Poly(butylenterephthalat) ist der Kohlenwasserstoff-Teil jedoch flexibler. Daher hat das Poly(butylenterephthalat) einen niedrigeren Schmelzpunkt.
- **Vergleich der aliphatischen Polyester mit Polyethylen:**
  Man könnte meinen, die möglichen Dipol-Dipol-Wechselwirkungen zwischen den Ester-Gruppen müssten dazu führen, dass ihre Schmelzpunkte höher sind als die des Polyethylens, zwischen dessen Ketten „nur“ VAN-DER-WAALS-Kräfte wirken können. Polyethylen-Ketten können jedoch dichter gepackt werden als die Polyester-Ketten. Deswegen liegen die Schmelzpunkte der Polyester niedriger.
- **Vergleich von Polyestern mit den homologen Polyamiden:**
  Die Schmelzpunkte der Polyamide liegen viel höher als die der Polyester, da sich die Polyamid-Ketten zu sehr hoch geordneten Bereichen zusammenlagern, zwischen denen sich Wasserstoffbrückenbindungen ausbilden.

Vergleiche sind nur dann sinnvoll, wenn die mittlere Molmasse der fraglichen Polymere ungefähr gleich groß ist.

In der nachfolgenden Tabelle sind wichtige Polymere und deren Monomere, Schmelztemperaturen und Wechselwirkungen aufgeführt.

Polymer	Polymer-Formelausschnitt
Poly(ethylentereph-thalat) PET	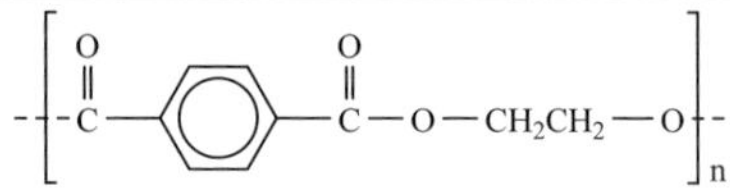
Poly(butylentereph-thalat)	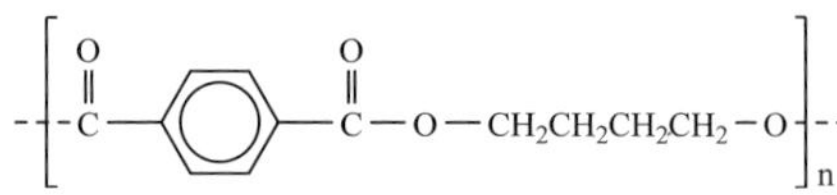
Poly(ethylenadipat)	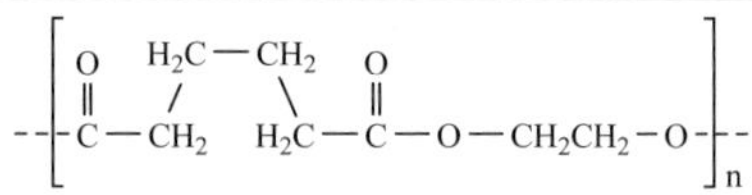
Polytetrafluorethen (Teflon)	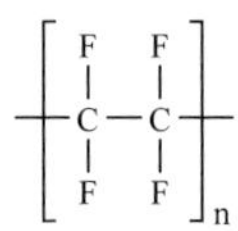
Polyethylen PE	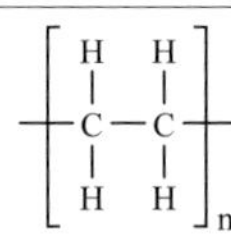
Nylon 6,6	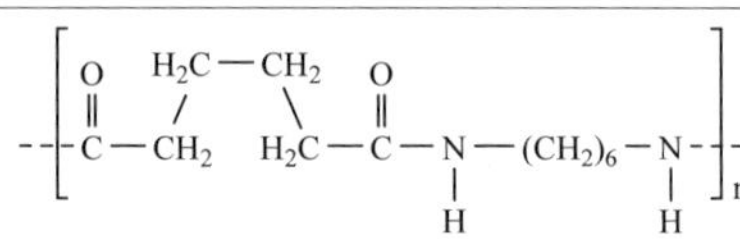
Nylon 6,10	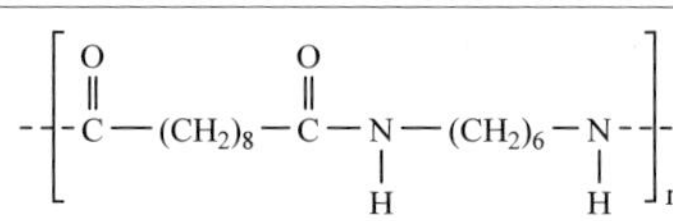
Poly(1,6-Hexamethylenadipat)	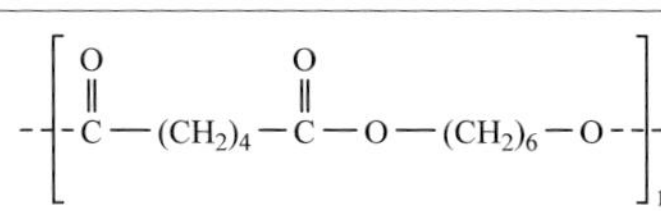
Poly(ethylensuccinat)	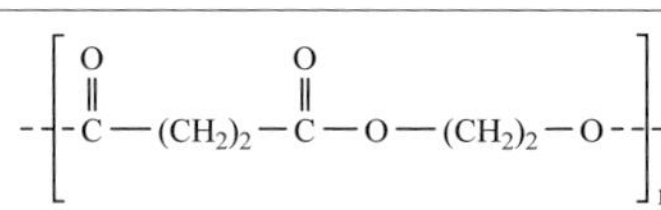

Monomere	**Schmelztemperatur**	**Zwischenmolekulare Kräfte (anhand der funktionellen Gruppen)**
Terephthalsäure, Ethandiol	256	Dipol-Dipol-Wechselwirkungen, VAN-DER-WAALS-Kräfte
Terephthalsäure, 1,4-Butandiol	223	Dipol-Dipol-Wechselwirkungen, VAN-DER-WAALS-Kräfte
Adipinsäure, Ethandiol	50	Dipol-Dipol-Wechselwirkungen, VAN-DER-WAALS-Kräfte
Tetrafluorethen	327	VAN-DER-WAALS-Kräfte
Ethen	137	VAN-DER-WAALS-Kräfte
Adipinsäure, Hexamethylendiamin	255	Wasserstoffbrückenbindungen, VAN-DER-WAALS-Kräfte
Sebacinsäure, Hexamethylendiamin	215	Wasserstoffbrückebindungen, VAN-DER-WAALS-Kräfte
Adipinsäure, 1,6-Hexandiol	58	Dipol-Dipol-Wechselwirkungen, VAN-DER-WAALS-Kräfte
Bernsteinsäure, Ethandiol	108	Dipol-Dipol-Wechselwirkungen, VAN-DER-WAALS-Kräfte

Farbstoffe

Schon gewusst?

❶ Farbstoffe absorbieren Licht aus dem sichtbaren Teil des elektromagnetischen Spektrums und erscheinen in der Komplementärfarbe.

❷ Azofarbstoffe werden durch Diazotierung eines Anilin-Derivats und anschließende Azokupplung synthetisiert.

❸ Indikatoren sind Farbstoffgemische, die je nach pH-Wert eine andere Farbe annehmen.

1 Strukturelle Voraussetzungen von Lichtabsorption und Farbigkeit

Farbstoff: Substanz, die elektromagnetische Wellen aus dem sichtbaren Wellenlängenbereich absorbiert und den Rest der Strahlung reflektiert.

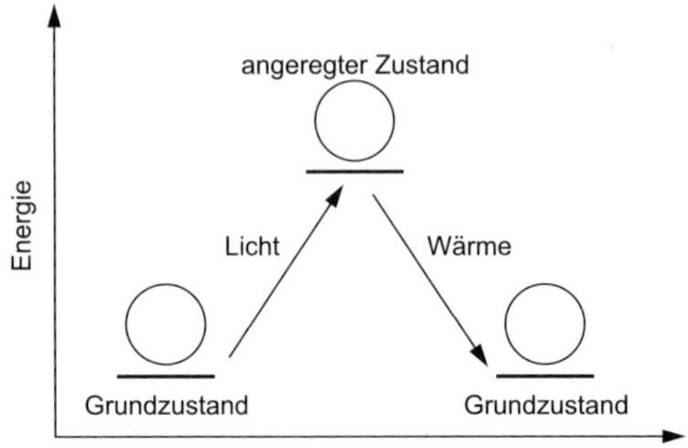

Elektronen im Farbstoffmolekül werden durch elektromagnetische Wellen des sichtbaren Spektrums (Licht) aus ihrem Grundzustand in einen kurzlebigen angeregten Zustand überführt und fallen unter Wärmeabgabe in den Grundzustand zurück.

Mesomeriemodell

Voraussetzung für die Fähigkeit zur Lichtabsorption bei organischen Molekülen ist ein **chromophores** (gr.: farbtragendes) **System**, das sich aus einer Vielzahl an konjugierten Doppelbindungen (**konjugiertes π-Elektronensystem**) in zyklischer und/oder linearer Anordnung zusammensetzt.

Farbregel 1: Bei zunehmender Ausdehnung des konjugierten π-Elektronensystems wird die Wellenlänge der maximalen Absorption (λ_{max}) stärker in den langwelligen Bereich verschoben **(bathochrome Verschiebung)**.

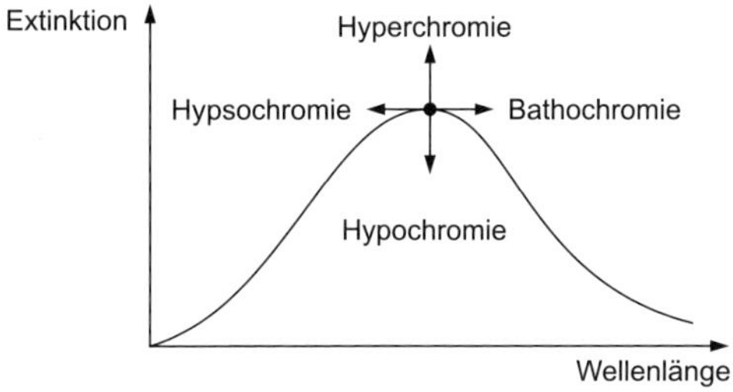

Bezeichnung der Effekte bei Veränderung des Absorptionsverhaltens

Im Anthracen besteht das Chromophor aus einem konjugierten π-Elektronensystem, das 7 Doppelbindungen enthält. Dieses System absorbiert im UV-Bereich und ist daher farblos. Das Tetracen absorbiert mit seinem neun Doppelbindungen umfassenden System bereits im sichtbaren Spektrum und erscheint orange.

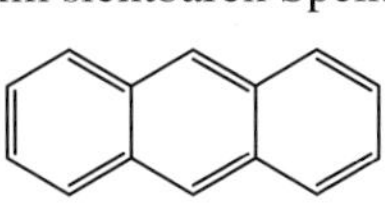
Anthracen, λ_{max} < 400 nm

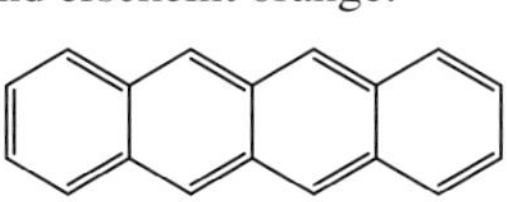
Tetracen, λ_{max} < 485 nm

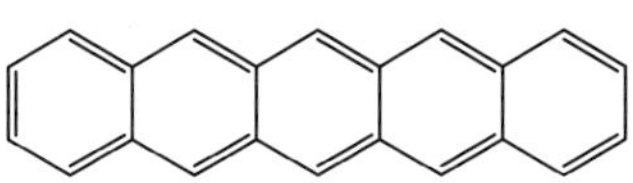
Pentacen, λ_{max} < 590 nm

Farbregel 2: Je ausgeprägter der Bindungsausgleich zwischen Einfach- und Doppelbindungen ist, d. h. je gleichwertiger die Grenzstrukturen sind, umso längerwelliger absorbiert ein konjugiertes π-Elektronensystem (bathochrome Verschiebung). Dabei gilt: Ladungsverschiebungen liefern stabilere mesomere Systeme als Ladungstrennungen.

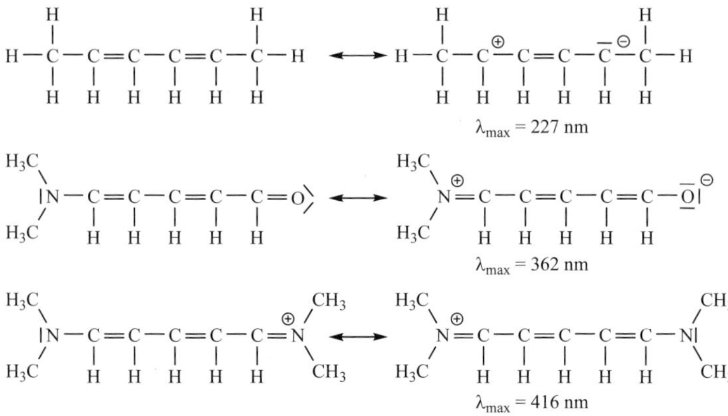

Die oberen und mittleren Grenzstrukturen weisen eine ungünstige Ladungstrennung auf. Aufgrund des größeren π-Elektronensystems absorbiert die mittlere Struktur vergleichsweise jedoch im längerwelligen Bereich. In den unteren Grenzstrukturen kommt es zu einer günstigen Ladungsverschiebung, die Strukturen sind gleichwertig.

Farbregel 3: Auxochrome bzw. antiauxochrome Gruppen bewirken eine bathochrome Verschiebung des Absorptionsmaximums eines Chromophors. Eine optimale bathochrome Verschiebung erhält man, wenn gleichzeitig eine auxochrome und antiauxochrome Gruppe in Konjugation mit dem Chromophor treten (Push-Pull-Effekt).

Bestimmte **funktionelle Gruppen** erweitern das π-Elektronensystem der Farbstoffmoleküle und nehmen dadurch Einfluss auf die Wellenlänge des Absorptionsmaximums. Binden je zwei auxochrome oder zwei antiauxochrome Gruppen am Chromophor, kommt es zur **Hypsochromie**, d. h., der Farbstoff absorbiert kürzerwelliges und damit energiereicheres Licht.

Auxochrome Gruppen	Antiauxochrome Gruppen
Donator-Gruppen mit mind. einem freien Elektronenpaar	Akzeptor-Gruppen mit mind. einer Mehrfachbindung
z. B. $-OH$; $-OR$; $-O^-$; $-NH_2$; $-NR_2$	z. B. $-CRO$; $-CHO$; $-NO_2$; $C{=}N^+R_2$; $-NO_2$; $-SO_3H$
+M-Effekt (oder +I-Effekt) erhöht die Elektronendichte im π-Elektronensystem	–M-Effekt (oder –I-Effekt) verstärkt die Delokalisation der π-Elektronen

Farbeindruck

Ergibt das Licht zweier Farben zusammen weißes Licht, so sind diese Farben komplementär zueinander. Wird dem weißen Licht eine Farbe durch Absorption entzogen, so bleibt der Farbeindruck der **Komplementärfarbe** zum absorbierten Licht.

Absorbiertes Licht Wellenlänge λ in nm	Spektralfarbe	Komplementärfarbe
400–435	violett	gelbgrün
435–480	blau	gelb
480–490	grünblau	orange
490–500	blaugrün	rot
500–560	grün	purpur
560–580	gelbgrün	violett
580–595	gelb	blau
595–605	orange	grünblau
605–770	rot	blaugrün

Absorbiert ein Farbstoff maximal im Wellenlängenbereich des gelben Lichts ($580\ nm < \lambda_{max} < 595\ nm$), so erscheint dieser Farbstoff dem Betrachter in weißem Licht blau.

Der Farbeindruck eines Farbstoffes (oder seiner Lösung) ist komplementär zur Farbe des absorbierten Lichts.

2 Fotometrie

Mithilfe der Fotometrie kann das Absorptionsverhalten eines Farbstoffes genau untersucht werden.

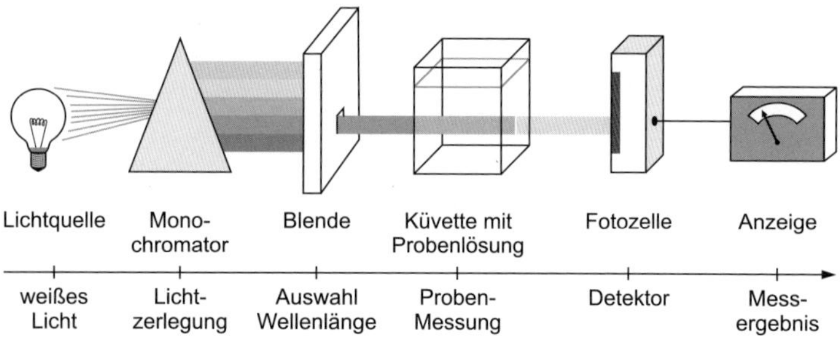

Schematischer Aufbau eines Fotometers

Man erhält mit Fotometern VIS-Spektren, die Aussagen über die Farbigkeit des Farbstoffes zulassen. Aufgetragen wird die Wellenlänge λ in Nanometer (nm) gegen die Transmission T (Durchlässigkeit) bzw. Absorption A ($A = 1 - T$) in Prozent.

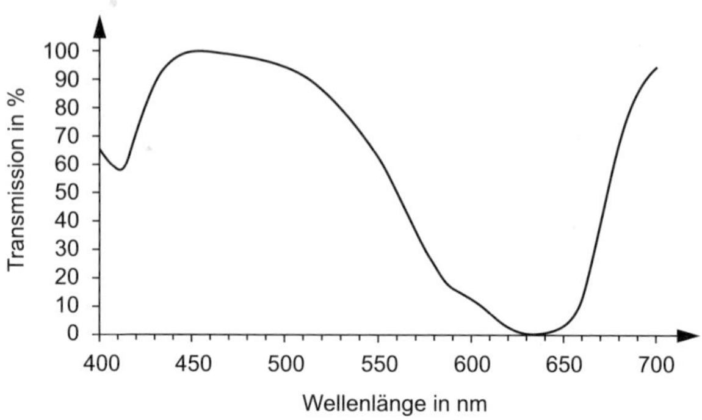

Das VIS-Spektrum zeigt eine maximale Absorption des Lichtes im Wellenlängenbereich von etwa $\lambda = 640$ nm. Dies entspricht dem roten Licht. Der Farbstoff hat den Farbeindruck der Komplementärfarbe, er erscheint blaugrün.

LAMBERT-BEER-Gesetz

Neben der Wellenlängenmessung hat die Intensitätsmessung bei der Fotometrie eine große analytische Bedeutung. Die Transmission des Lichts nimmt in Abhängigkeit von der Konzentration des Farbstoffs und der Dicke der durchstrahlten Farbstofflösung exponentiell ab. Diese Eigenschaft wird für kleine Farbstoff-Konzentrationen durch das **LAMBERT-BEER-Gesetz** mithilfe der **Extinktion** (von lat.: auslöschen) ausgedrückt:

$$E = -\lg T = \varepsilon \cdot c \cdot d$$

E: Extinktion
T: Transmission = 1 – Absorption
ε: stoffspezifischer molarer Extinktionskoeffizient in $L \cdot mol^{-1} \cdot cm^{-1}$
c: Stoffmengenkonzentration in $mol \cdot L^{-1}$
d: Dicke der durchstrahlten Lösung in cm

Die im LAMBERT-BEER-Gesetz ausgedrückten Proportionalitäten gelten nur etwa für Extinktionswerte bis eins – bei größeren Extinktionswerten flacht der Graph ab. Zur Konzentrationsbestimmung von Farbstoff-Lösungen wird aufgrund der Sensitivität in der Regel bei der **Wellenlänge der größten Absorption** (λ_{max}) gemessen.

Eine wässrige Methylenblau-Lösung besitzt das Absorptionsmaximum bei der Wellenlänge λ_{max} = 664 nm. Der molare Extinktionskoeffizient beträgt bei dieser Wellenlänge $\varepsilon_{664} = 95000\ L \cdot mol^{-1} \cdot cm^{-1}$.
Berechnen Sie die Konzentration einer Methylenblau-Lösung, die 5% des Lichtes bei einer Schichtdicke von 1cm absorbiert.

$$E = -\lg T = \varepsilon \cdot c \cdot d \quad \Leftrightarrow \quad c = \frac{-\lg T}{\varepsilon \cdot d}$$

$$c = \frac{-\lg(1-0{,}05)}{95000\ L \cdot mol^{-1} \cdot cm^{-1} \cdot 1\ cm} = 2{,}34 \cdot 10^{-7}\ mol \cdot L^{-1}$$

Zur Bestimmung des Farbstoffs Chinolingelb (λ_{max} = 420 nm) in einer Limonade wird eine Eichgerade mithilfe einer Verdünnungsreihe erstellt.

β **(Chinolingelb)**	$2\ mg \cdot L^{-1}$	$5\ mg \cdot L^{-1}$	$10\ mg \cdot L^{-1}$
E_{420}	0,160	0,398	0,803

Für die verdünnte Limonade-Probe (1 Teil Limo und 4 Teile Wasser) ergibt sich ein Extinktionswert von $E_{420} = 0{,}271$. Bestimmen Sie die Massenkonzentration des Farbstoffs in der unverdünnten Limonade.

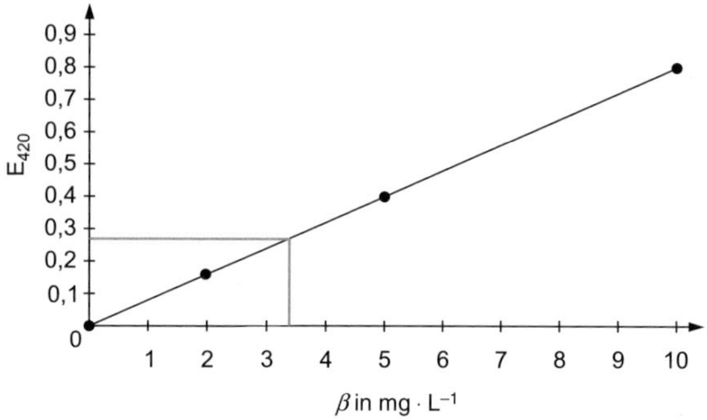

Mithilfe der gemessenen Extinktion lässt sich für die verdünnte Probe eine Massenkonzentration von $\beta \approx 3{,}4$ mg · L^{-1} aus der Eichgeraden ablesen. Für die unverdünnte Limonade ergibt sich etwa β(Chinolingelb) = 17 mg · L^{-1}.

Zur Bestimmung von Farbstoffgemischen kann von einer Messung bei λ_{max} abgewichen werden, wenn beispielsweise in einem binären Farbstoffgemisch bei einer bestimmten Wellenlänge nur einer der beiden Farbstoffe ein Absorptionsverhalten aufweist und so eine selektive Messung möglich ist. Ansonsten gilt, dass sich die Extinktionswerte der einzelnen Farbstoffe zur Gesamtextinktion addieren, zum Beispiel:
E(Gesamt) = E(Farbstoff 1) + E(Farbstoff 2)

3 Azofarbstoffe

Azofarbstoffe stellen die größte Farbstoffgruppe dar und haben als gemeinsames Strukturelement eine **Azo-Gruppe:** –N = N–.
Die **Synthese** gliedert sich in zwei Schritte: die **Diazotierung** und die sich anschließende **Azokupplung**.
Bei der **Diazotierung** entsteht ein mesomeriestabilisiertes Diazonium-Ion. Der Mechanismus entspricht einem Additions-Eliminierungs-

Mechanismus. Für die Reaktion müssen niedrige Temperaturen gewählt werden, da das Diazonium-Ion ansonsten in wässrigen Lösungen in Stickstoff und Phenolderivate zerfällt.
Die **Azokupplung** verläuft als elektrophile Zweitsubstitution am Aromaten, wobei das Diazonium-Ion als Elektrophil wirkt. Als Kupplungskomponente dienen aktivierte Aromaten (mit +M-Substituent, z. B. Phenol- oder Anilin-Derivate) mit einem ausgedehnten π-Elektronensystem.

Herstellung von Anilingelb:

1. Diazotierung des Anilin-Derivats mit Nitrit-Ionen:

$NO_2^- + 2\,H_3O^+ \longrightarrow NO^+ + 3\,H_2O$ (Bildung des Nitrosonium-Ions)

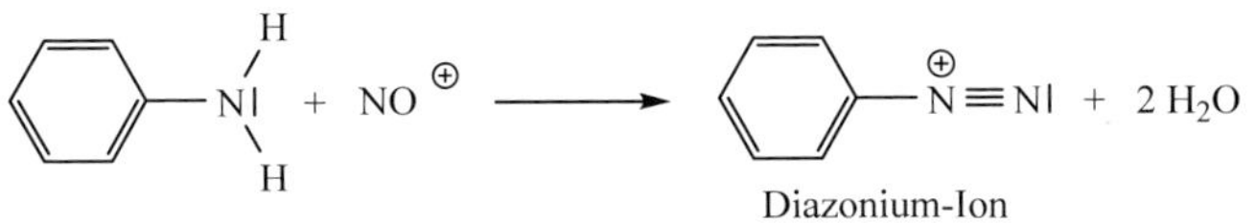

Folgende mesomere Grenzstrukturen lassen sich für das Diazonium-Ion aufstellen:

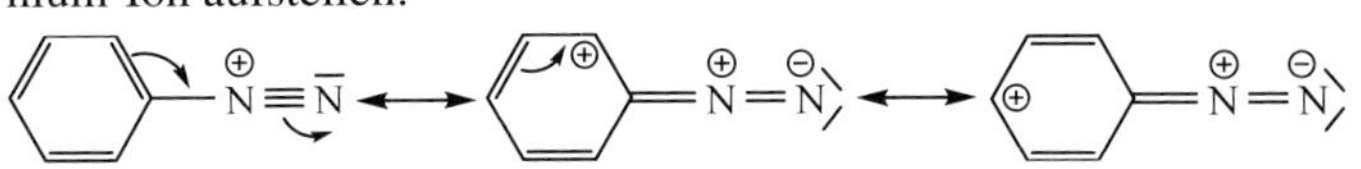

2. Azokupplung mit Anilin als Kupplungskomponente:

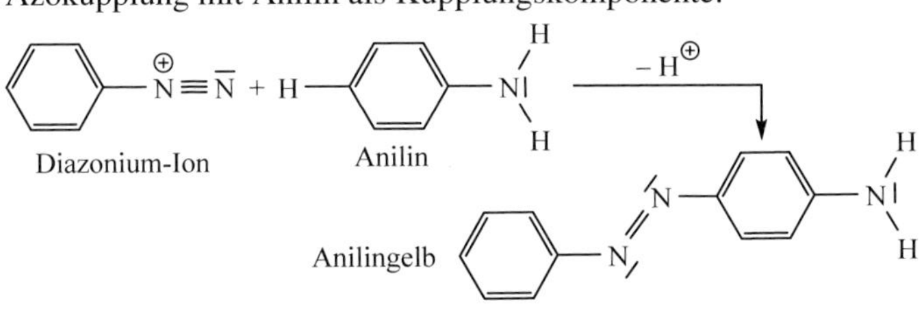

Tipp: Man kann aus der Struktur eines Azofarbstoffs auf die Ausgangsstoffe der Synthese zurückschließen. Dazu muss die Strukturformel an der Azogruppierung formal so geteilt werden, dass die Kupplungskomponente mit einem +M-Substituent am Aromaten sowie das Diazonium-Ion mit der Diazo-Gruppe entstehen. Aus letzterem ergibt sich durch das formale „Abtrennen" eines Stickstoff-Atoms die Azokomponente (meistens ein Amin).

4 Triphenylmethanfarbstoffe

Triphenylmethanfarbstoffe besitzen strukturell ein zentrales Kohlenstoff-Atom, an das drei aromatische Systeme (z. B. Phenylringe) gebunden sind. Mindestens zwei der aromatischen Systeme tragen auxochrome oder antiauxochrome Gruppen. Aufgrund ihrer geringen Beständigkeit gegenüber Säuren werden sie häufig als Drucktinten oder Indikatoren eingesetzt. Bekannte Vertreter der Gruppe sind Phenolphthalein oder Fuchsin.

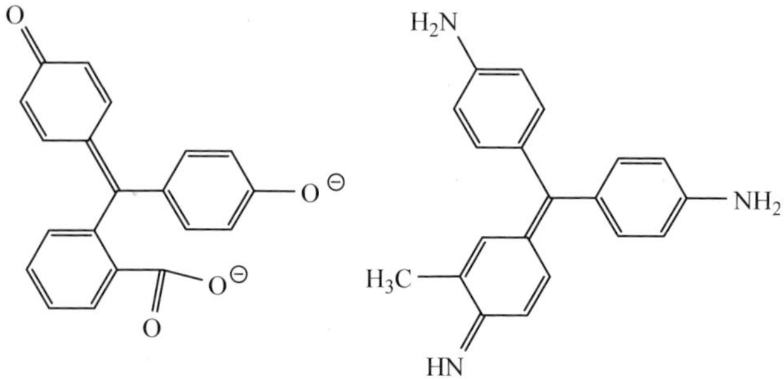

Strukturen von Phenolphthalein (links) und Fuchsin (rechts)

5 Funktionsprinzip eines Indikators

Säure-Base-Indikatoren sind **Gemische** einer schwachen Säure und ihrer farblich differierenden korrespondierenden Base. Je nach pH-Wert der Lösung überwiegt entweder die saure oder die basische Form. Somit ändert sich die Farbe des Gemisches und zeigt an, ob eine Lösung sauer, neutral oder alkalisch reagiert.

Einige Azofarbstoffe wirken als **Säure-Base-Indikatoren:**

Methylorange:

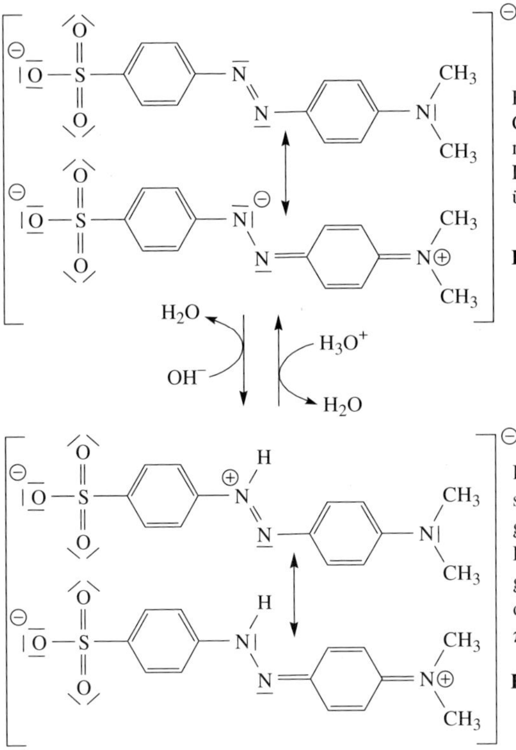

Die obere Grenzstruktur mit weniger Ladungen überwiegt.

Ind⁻ (gelb)

Beide Grenzstrukturen sind gleichwertig. Es liegt ein größeres System delokalisierter π-Elektronen vor.

H-Ind (rot)

Die protonierte Form (H-Ind) ist besser **mesomeriestabilisiert**, weil sich mehr gleichwertige Grenzstrukturen, also ohne eine zusätzliche Ladungstrennung, ergeben als bei der deprotonierten Form (Ind^-). Die Delokalisation der π-Elektronen ist daher in saurer Umgebung größer und dementsprechend absorbiert die protonierte Form im Vergleich längerwelliges (energieärmeres) Licht. Methylorange erscheint folglich in saurer Umgebung rot und in alkalischer gelb.

Triphenylmethanfarbstoffe können ebenfalls als Säure-Base-Indikatoren verwendet werden.

Phenolphthalein:

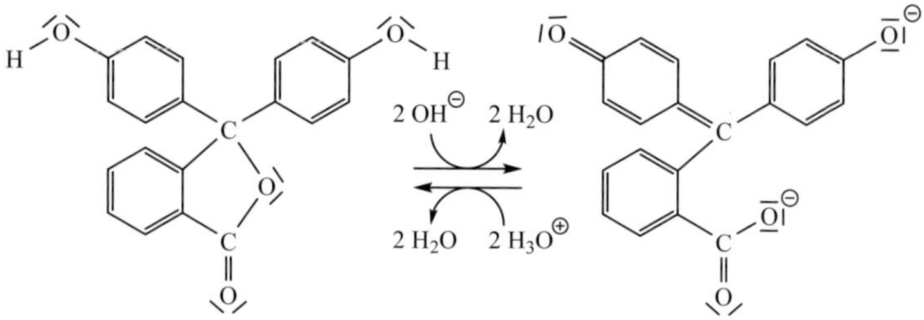

H_2-Ind (farblos) **Ind^{2-} (pink)**

Durch Zugabe einer Lauge wird die innermolekulare Ester-Gruppe hydrolysiert. Dadurch entsteht ein Molekül mit einem wesentlich größeren Chromophor, das längerwelliges Licht absorbiert.

Stichwortverzeichnis